用电信息采集系统建设现场作业一本通

主　编　王晓建　裘华东
副主编　邢建旭　石　军　叶昕炯
　　　　严建强　章建华

内容提要

本书对用电信息采集系统建设现场作业整个施工安装流程环节的服务行为和作业行为进行了规范，详细介绍了岗位的服务规范、作业规范、工艺规范和验收规范。

本书具有图文并茂、通俗易懂、方便自学的特点，可供用电信息采集系统建设现场作业人员阅读和使用。

图书在版编目（CIP）数据

用电信息采集系统建设现场作业一本通／王晓建，裘华东主编．—北京：中国电力出版社，2019.10
ISBN 978-7-5198-3798-3

Ⅰ．①用…　Ⅱ．①王…　②裘…　Ⅲ．①用电管理–管理信息系统　Ⅳ．①TM92

中国版本图书馆 CIP 数据核字（2019）第 227146 号

出版发行：中国电力出版社
地　　址：北京市东城区北京站西街 19 号　邮政编码：100005
网　　址：http://www.cepp.sgcc.com.cn
责任编辑：穆智勇（zhiyong-mu@sgcc.com.cn）
责任校对：黄　蓓　朱丽芳
装帧设计：张俊霞
责任印制：石　雷

印　　刷：北京博图彩色印刷有限公司
版　　次：2019 年 12 月第一版
印　　次：2019 年 12 月北京第一次印刷
开　　本：880 毫米 ×1230 毫米　32 开本
印　　张：3.5
字　　数：124 千字
定　　价：20.00 元

编 委 会

编 写 组

组　长　沈洪良

副组长　金丽娟　沈煜宾　李翟严　潘　峰　胡耀杰　王　政

成　员　沈　溢　莫琳斐　徐礼富　朱新华　郑　杰　吴恒超　毛伟昕

顾晨涛　王　珏　章　璨　平　原　章　程　费爱梅　毕祥宜

前　言

为全面践行国家电网有限公司“四个服务”的企业宗旨，进一步强化电力营销基层班组的基础管理，提高基本功，持续提升供电服务水平，针对用电信息采集系统建设现场作业不规范、不一致等问题，国网浙江省电力有限公司湖州供电公司来自电力营销的基层管理者和业务技术能手，本着“规范、统一、实效”的原则，编写了《用电信息采集系统建设现场作业一本通》。

本书编写组结合采集现场特点，遵循电力营销有关法律、法规、规章、制度、标准、规程等，紧扣营销实际工作，从岗位的服务规范、作业规范、工艺规范、验收规范等出发编写了本书，并开展了审核、统稿、专家评审等工作。本书着重围绕作业规范、工艺规范，通过现场实例，对用电信息采集系统建设现场作业整个施工安装流程环节的服务行为和作业行为进行指导，旨在提高和规范现场作业人员的业务能力和工艺规范，提高优质的服务水平。

本书编写组成员均为优秀的一线骨干员工，具有丰富的现场作业和稽查工作经验。在编写过程中，编写组通过一面编写一面实训的方式，带动和培养了一批优秀的技能人才。因本书具有图文并茂、通俗易懂、方便自学等特点，获得了广大基层员工交口称赞。

本书在编写过程中得到了多位领导和专家的大力支持，在此谨向参与本书编写、研讨、审稿、业务指导的各位领导、专家致以诚挚的感谢！

由于编者水平所限，疏漏之处在所难免，恳请各位领导、专家和读者提出宝贵意见。

本书编写组

2019年10月

目 录 contents

Part 3 工艺规范篇

Part 4 验收规范篇

Part 1 服务规范篇

服务规范篇以用电信息采集系统建设人员日常工作服务礼仪为主要内容，旨在规范建设人员服务行为，提高服务质量。

本篇分为服务基本准则、服务礼貌用语、仪容仪表规范、典型场景礼仪示例、典型场景应答五大部分，对日常服务中的电话接打、停电告知、车辆行驶与停放、客户告知与签字、握手等行为进行规范与说明。对建设人员在工作中遇到频次较高的典型问题进行规范应答，为建设人员日常工作服务规范提供参考依据。

一 服务基本准则："三要"和"三不要"

"三要"

- 仪容仪表要整洁
- 对待客户要热情
- 服务客户要用心

"三不要"

- 不要忽视客户意见
- 不要与客户发生争执
- 不要损坏公司形象

二 服务礼貌用语十二条

使用文明礼貌用语，语音清晰，语速平和，语意明确；
提倡讲普通话，尽量少用生僻的电力专业术语。

- ◎ 您好
- ◎ 请/请问
- ◎ ×先生/女士
- ◎ 麻烦您
- ◎ 打扰了
- ◎ 请稍等/稍候
- ◎ 抱歉
- ◎ 对不起
- ◎ 不客气/没关系
- ◎ 非常感谢/谢谢
- ◎ 好的
- ◎ 再见/再会

三 仪容仪表规范

1 着装规范

2 精神状态

①作业人员精神饱满、状态良好。

②作业人员未饮酒。

③作业人员无社会干扰及思想负担。

四 典型场景礼仪示例

1 电话呼叫

流 程

致电客户 → 自我介绍 → 说明事由 → 告知工作计划 → 通话结束 → 记 录

要 点

- ◎ 使用文明礼貌用语，通常情况下应讲普通话。
- ◎ 语速适中、语意明确、语气柔和。
- ◎ 准确告知作业内容、作业时间。
- ◎ 客户挂机后再挂断电话。
- ◎ 最好在工作时间内联系客户。
- ◎ 做好通话记录。

2 电话接听

流　程

客户来电 → 礼貌接听 → 明确需求 → 要点重复 → 通话结束 → 记　录

要　点

◎ 电话铃响三声内接听。

◎ 使用文明礼貌用语，通常情况下应讲普通话。

◎ 语速适中、语意明确、语气柔和。

◎ 明确客户需求，重点内容重复确认。

◎ 客户挂机后再挂断电话。

◎ 做好通话记录。

3 停电告知

①若有影响用户正常用电的，应提前三天张贴停电告知单。

②张贴范围：小区门口，村委会，小区公告栏，楼道口。

4 进厂入区

①车辆到达客户单位或小区门卫处，向门卫告知来意，并出示工作证件，经对方同意后进入。

②如客户要求登记，应积极配合。

5 车辆停放

要 点

◎ 进入客户单位或居民小区内不得鸣喇叭，按照客户要求规范停车。

◎ 临时停车不要阻挡交通，注意安全。

6 敲门入户

①按门铃要求：轻按门铃，若无应答，等待10秒再按，一般不宜超过3次。

②敲门要求：轻敲3下，若无应答，间隔3~5秒后再敲，不宜超过3次。力度适中，严禁砸门或踢门。

③客户询问时应表明身份及来意。

7 准备作业

①检查现场工作环境。

②确认采集设备安装位置、对应电能表编号等工作内容。

8 场地清理

①作业结束后，及时清理现场工作残留物和污迹。

②将现场原有设施恢复原状。

9 作业后恢复用电

①涉及停电作业的，作业结束后，告知客户可以正常用电。

②主动向客户交代注意事项。

③现场告知："先生/女士，我们采集建设工作已经结束，您现在可以恢复正常用电了。"

④客户不在现场时："您好，X先生/女士，我是XX供电公司的工作人员，我们已经完成采集设备安装，您现在可以恢复正常用电了。

谢谢您对我们工作的配合，再见!"

10 告别客户

①主动征求客户意见。
②礼貌告别客户。

要　点

◎ 握手时双目注视对方，面带微笑，态度亲切诚恳。

◎ 适度紧握客户右手。

◎ 不得戴手套与客户握手。

◎ 使用礼貌用语："谢谢您对我们工作的支持与配合，有什么需要，请拨打我们的服务热线95598，我们将随时为您提供服务，再见!"

11 办理离厂出区手续

①交还登记单、取回暂押的相关证件。
②礼貌告别。

五 典型场景应答

1 电能表为什么要安装采集器？

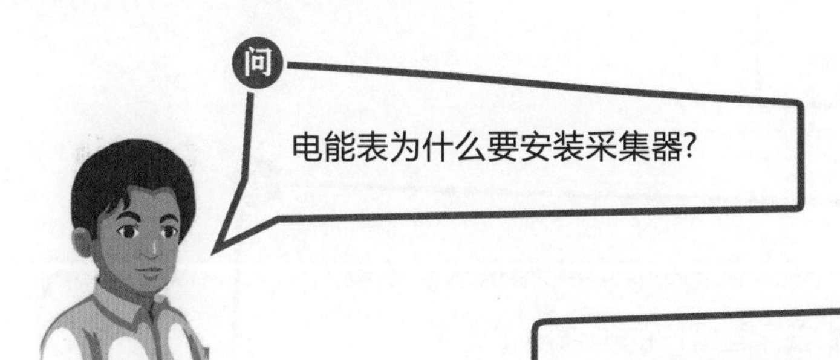

答

安装采集器是智能电网建设的一部分，可实现用电信息的自动采集和实时监测，有利于提升优质服务水平。

2 用电信息采集系统会不会产生电费，天线辐射会不会对人身有影响?

问

用电信息采集系统会不会产生电费，天线辐射会不会对人身有影响?

答

用电信息采集器的工作电源是从表前接入，不计入电能表，与客户的电量电费无关。

采集器只是经过无线网络传输数据，它的辐射量与手机差不多，而且装在室外，远离人群，不会对人体健康造成影响。

3 居民生活用电峰谷时段是怎么区分的?

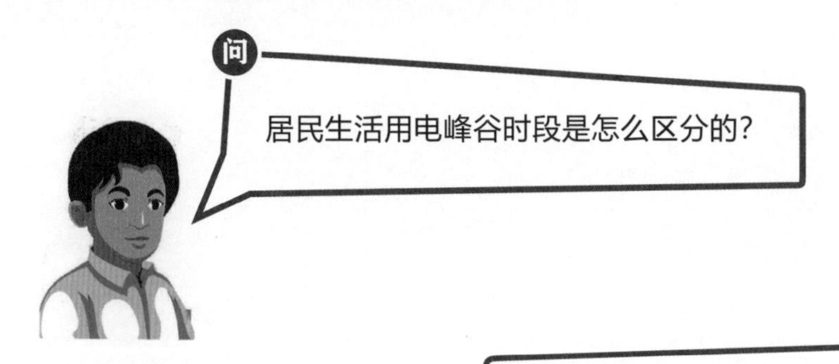

答

居民峰谷用电是将一天24小时划分为两个时段分别计价，其中08:00~22:00共14小时称为高峰时段，22:00~次日08:00共10小时称为低谷时段，实行峰谷电价。

Part 2 作业规范篇

作业规范篇以用电信息采集系统建设现场作业为主要内容，通过对系统建设现场作业人员日常工作内容与流程的指导，为现场作业提供参考依据。

本篇主要针对本地通信方式为载波和RS485的施工方式，以现场作业流程为主线，详细阐述了采集建设现场作业各个环节安装注意事项等内容。按照系统建设现场作业安装步骤，分为施工前现场查勘、作业前准备、现场作业与作业结束四大部分。施工前现场查勘与作业前准备包括相关系统流程操作、工器具及材料准备、相关工作票填写与使用；现场作业包括办理工作票许可、现场站班会、安全措施、各种类型采集设备建设安装步骤。

一 施工前现场查勘

1 施工前现场查勘工作要求

①安装前，现场负责人应组织现场查勘。

②检查计量装置是否符合相关要求。

③检查现场无线通信信号是否良好。

2 查勘内容

①拟安装采集器的表箱位置：外置采集箱与表箱的位置、管线的距离等。

②箱间位置：拟共用采集器的相邻表箱的距离（m），箱间连接线敷设方式建议。

③采集器安装处无线公网信号强弱。

④应采取的安全措施。

居民集抄现场查勘单（正面）

查勘单位：　　　　查勘人员：
申请类别：　　　　打印人员：　　　　打印日期：

查询号		台区名		申请日期	
申请备注					
以下由查勘人员现场填写					
采集器名称		采集器安装地址			
采集范围			是否加装采集箱（√/×）		
采集箱与其他管线的距离					
表箱情况					

表箱编号	安装地址及楼层	安装方式（明/暗）	箱体接地（√/×）	离地高度(cm)	总表位数	空表位数
表箱 1						
表箱 2						
表箱 3						
表箱 4						

表箱编号	序号	户　号	资产编号	表地址	485口（√/×）	表规约	换表（√/×）

居民集抄现场查勘单（背面）

表箱编号	序号	户　号	资产编号	表地址	485口（√/×）	表规约	换表（√/×）

接地电阻	表箱 1：　欧姆	表箱 2：　欧姆	表箱 3：　欧姆	表箱 4：　欧姆
箱间连线情况：				

表箱 1～表箱 2 连接走线距离	米	建议的走线方式	
表箱 2～表箱 3 连接走线距离	米	建议的走线方式	
表箱 3～表箱 4 连接走线距离	米	建议的走线方式	

需要停电的范围：
保留的带电范围：
作业现场的条件、环境及其他危险点：
应采取的安全措施：
附图及说明：

日期：　年　月　日　时　　查勘负责人（签名）：　　记录人（签名）：

3 计划上报

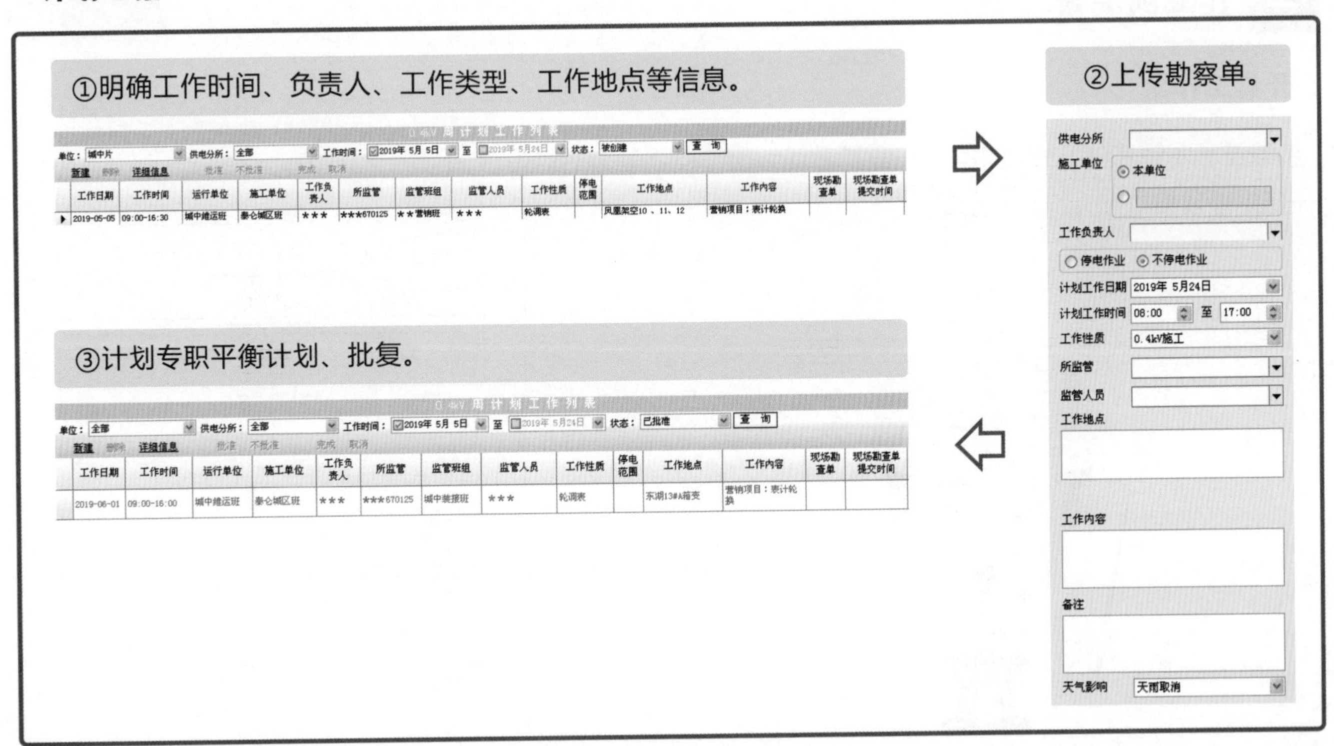
①明确工作时间、负责人、工作类型、工作地点等信息。
0.4kV 周计划工作列表
单位：城中片 供电分所：全部 工作时间：2019年 5月 5日 至 2019年 5月24日 状态：被创建 查 询
新建 删除 详细信息 批准 不批准 完成 取消
工作日期 工作时间 运行单位 施工单位 工作负责人 所监管 监管班组 监管人员 工作性质 停电范围 工作地点 工作内容 现场勘查单 现场勘查单提交时间
2019-05-05 09:00-16:30 城中维运班 泰仑城区班 *** ***670125 **营销班 *** 轮调表 凤凰架空10、11、12 营销项目：表计轮换
②上传勘察单。
供电分所
施工单位
本单位
工作负责人
停电作业 不停电作业
计划工作日期 2019年 5月24日
计划工作时间 08:00 至 17:00
工作性质 0.4kV施工
所监管
监管人员
工作地点
工作内容
备注
天气影响 天雨取消
③计划专职平衡计划、批复。
0.4kV 周计划工作列表
单位：全部 供电分所：全部 工作时间：2019年 5月 5日 至 2019年 5月24日 状态：已批准 查 询
新建 删除 详细信息 批准 不批准 完成 取消
工作日期 工作时间 运行单位 施工单位 工作负责人 所监管 监管班组 监管人员 工作性质 停电范围 工作地点 工作内容 现场勘查单 现场勘查单提交时间
2019-06-01 09:00-16:00 城中维运班 泰仑城区班 *** ***670125 城中装接班 *** 轮调表 东湖13#A箱变 营销项目：表计轮换

二 作业前准备

1 开具工作票

①载波、本地通信方式RS485（无穿管敷线）使用电能表带电装（拆）作业票。

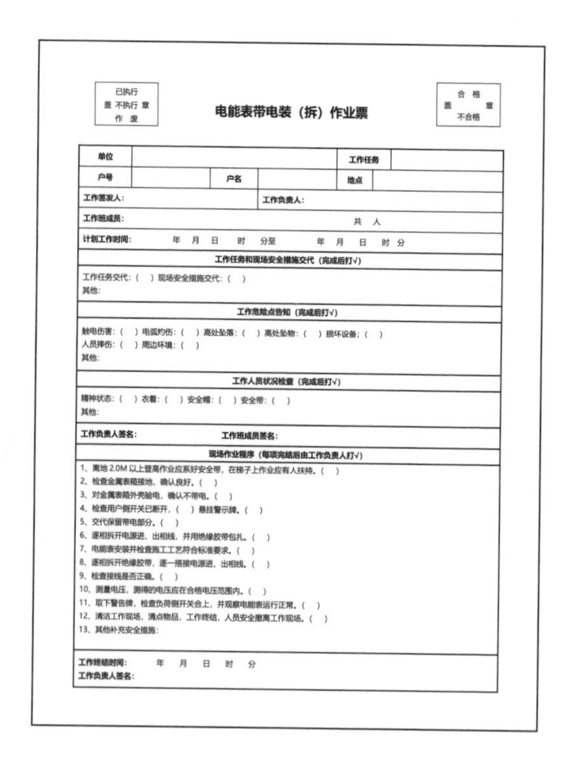

已执行 / 盖 不执行 章 / 作 废

电能表带电装（拆）作业票

合 格 / 盖 章 / 不合格

单位				工作任务	
户号		户名		地点	
工作签发人：			工作负责人：		
工作班成员：			共 人		
计划工作时间： 年 月 日 时 分至 年 月 日 时 分					

工作任务和现场安全措施交代（完成后打√）

工作任务交代：（ ）现场安全措施交代：（ ）
其他：

工作危险点告知（完成后打√）

触电伤害：（ ）电弧灼伤：（ ）高处坠落：（ ）高处坠物：（ ）损坏设备：（ ）
人员摔伤：（ ）周边环境：（ ）
其他：

工作人员状况检查（完成后打√）

精神状态：（ ）衣着：（ ）安全帽：（ ）安全带：（ ）
其他：

工作负责人签名： 工作班成员签名：

现场作业程序（每项完结后由工作负责人打√）

1、离地 2.0M 以上登高作业应系好安全带，在梯子上作业应有人扶持。（ ）
2、检查金属表箱接地，确认良好。（ ）
3、对金属表箱外壳验电，确认不带电。（ ）
4、检查用户侧开关已断开，（ ）悬挂警示牌。（ ）
5、交代保留带电部分。（ ）
6、逐相拆开电源进、出相线，并用绝缘胶带包扎。（ ）
7、电能表安装并检查施工工艺符合标准要求。（ ）
8、逐相拆开绝缘胶带，逐一搭接电源进、出相线。（ ）
9、检查接线是否正确。（ ）
10、测量电压，测得的电压应在合格电压范围内。（ ）
11、取下警告牌，检查负荷侧开关合上，并观察电能表运行正常。（ ）
12、清洁工作现场，清点物品，工作终结，人员安全撤离工作现场。（ ）
13、其他补充安全措施：

工作终结时间： 年 月 日 时 分
工作负责人签名：

②本地通信方式RS485有穿管敷线工程使用低压工作票。

已执行
盖不执行章

合格
盖不合格章

低压工作票

单位:____________ 编号:____________

1. 工作负责人(监护人):__________ 班组:____________

2. 工作班人员(不包括工作负责人):

____

______________________共____人

3. 工作的线路名称或设备双重名称(多回路应注明双重称号及方位)、工作任务:

____

____

4. 计划工作时间:自____年__月__日__时__分至____年__月__日__时__分

5. 安全措施(必要时可附页绘图说明):

5.1 工作的条件和应采取的安全措施(停电、接地、隔离和装设的安全遮栏、围栏、标示牌等):

____

____

5.2 保留的带电部位:

____

____

5.3 其他安全措施和注意事项:

____

____

工作票签发人签名:__________ ____年____月____日____时____分

工作负责人签名:__________ ____年__月__日__时__分收到工作票

6. 工作许可:

6.1 现场补充的安全措施:

____

____

6.2 确认本工作票安全措施正确完备,许可工作开始:

许可方式:________ 许可工作时间:____年___月___日___时___分

工作许可人签名:__________ 工作负责人签名:__________

7. 工作班成员确认工作负责人布置的工作任务、人员分工、安全措施和注意事项并签名:

____

____

8. 工作票终结:

工作班现场所装设接地线共____组、个人保安线共____组已全部拆除,工作班人员已全部撤离现场,工具、材料已清理完毕,杆塔、设备上已无遗留物。

工作负责人签名:__________ 工作许可人签名:__________

工作终结时间:______年___月___日___时___分

9. 备注:

____

____

2 施工工器具准备

①工器具使用前应进行外观检查。

②低压带电作业应使用有绝缘柄的工具，其外裸的导电部位应采取绝缘措施，外裸的导电部位长度不得超过1cm，防止操作时相间短路或对地短路。

③施工时应戴白纱手套。

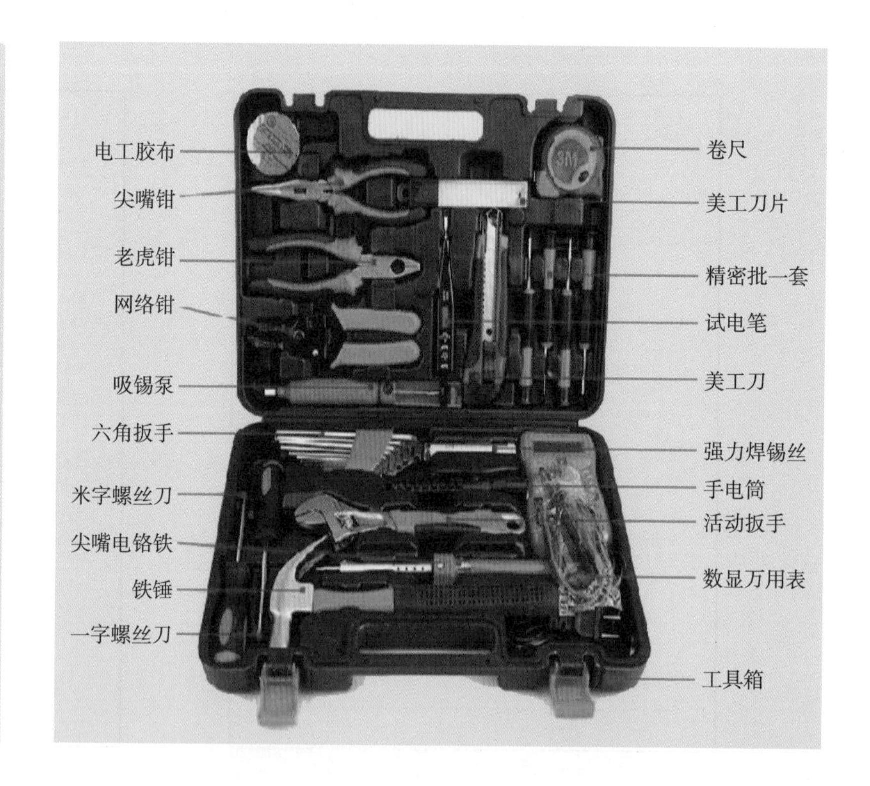

3 安全工器具检查

①安全工器具必须经有资质的试验机构进行相关绝缘、机械性能检测，合格后方可使用。

②验电器的工作电压应与被测设备的电压相同。

③在部分停电或不停电的作业环境下，应使用绝缘梯。

④绝缘安全工器具使用前应擦拭干净。

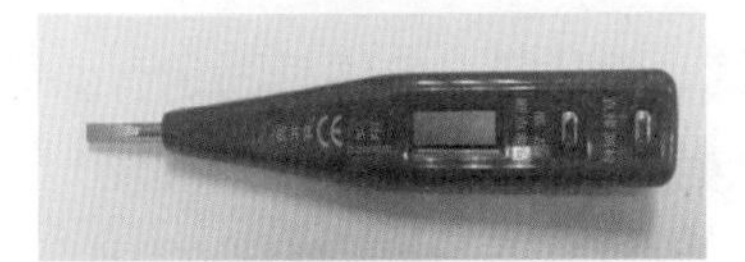

低压验电笔

半绝缘梯

人字梯

4 材料领用

①电源线；②RS485线；③PVC管；④扎带；⑤线束固定；⑥绝缘胶带；⑦空气开关；
⑧铜压接端子；⑨紧固件（膨胀螺丝）、紧固件（六角螺丝）；⑩连接件。

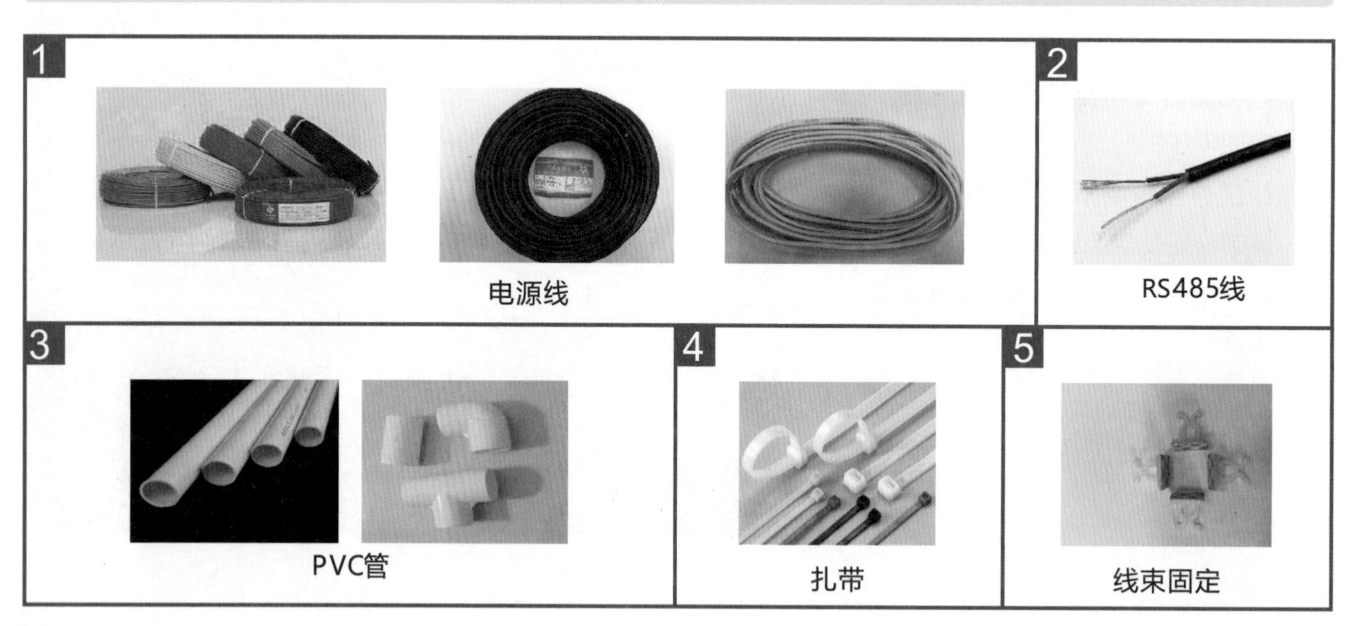

电源线

RS485线

PVC管

扎带

线束固定

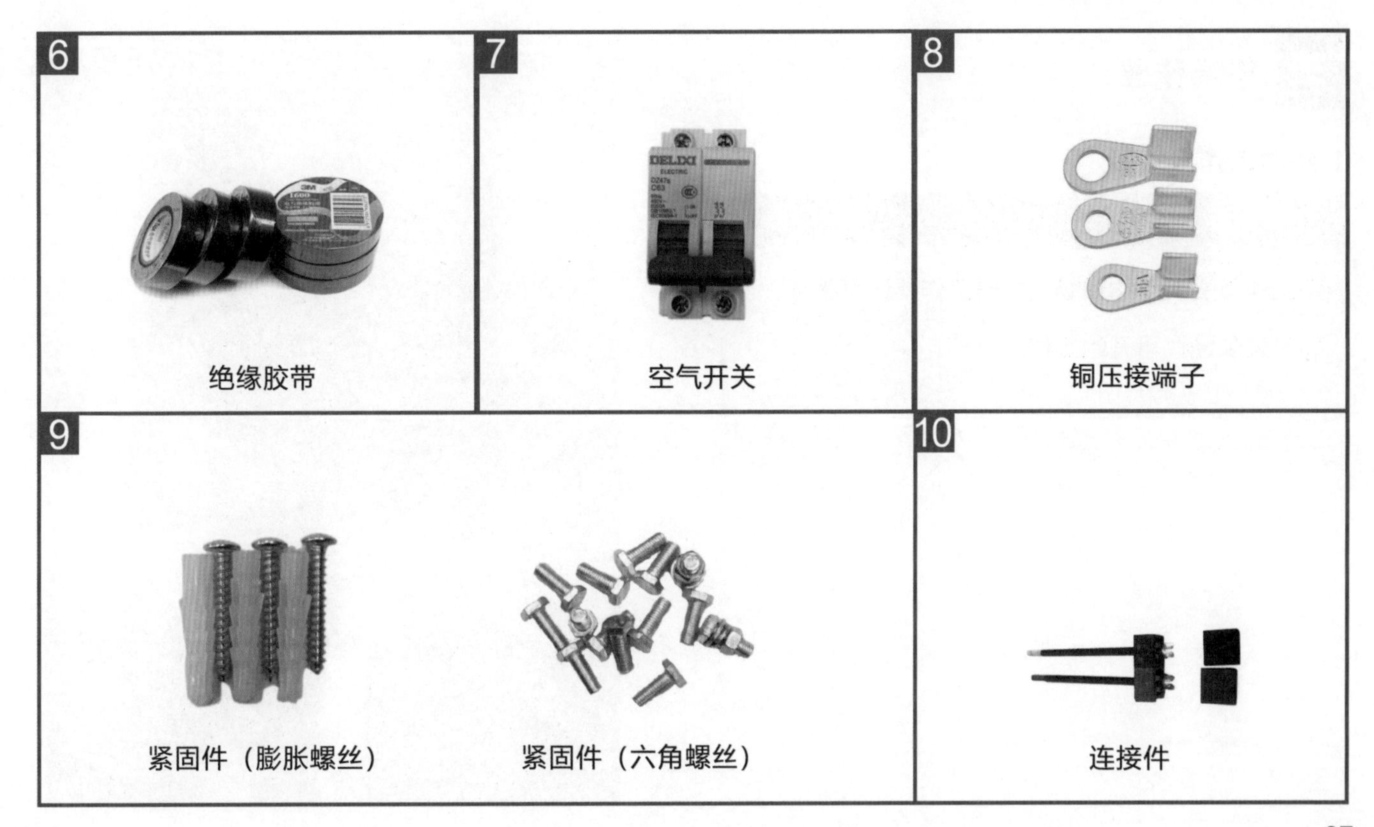

6 绝缘胶带

7 空气开关

8 铜压接端子

9 紧固件（膨胀螺丝） 紧固件（六角螺丝）

10 连接件

三 现场作业

1 办理工作票许可

工作内容

①工作负责人到达现场，办理工作票许可手续。

②严禁未经许可开始工作。

2 现场站班会

①交代工作内容，明确具体分工。

②强调安全注意事项，告知危险点，包括周边环境、高处坠落、高处坠物、异常设备、人员摔伤、触电伤害、电弧灼伤等。

③工作班成员明确工作任务，签字确认。

3 安全措施

①拉开低压熔丝管，取下低压熔丝或拉开低压空气开关。

②工作地段如有邻近、平行、交叉跨越及高、低压同杆架设线路，在需要接触或接近导线工作时，派专职监护人监护。

③在城区、人口密集区地段或交通道口和通行道路上施工时，工作场所周围应装设遮栏（围栏），并在相应部位装设标示牌，必要时派专人看管。

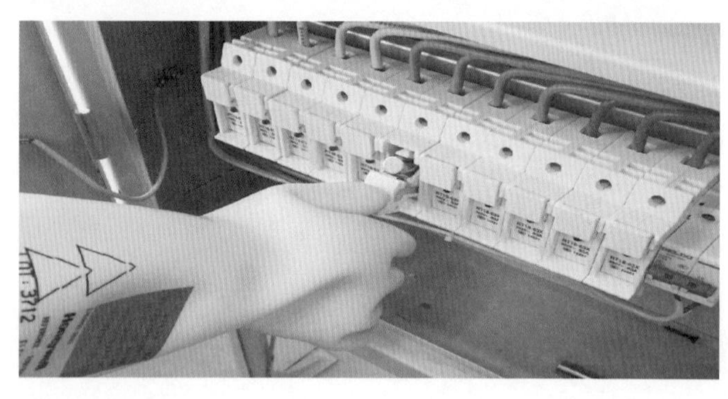

4 安装步骤

4.1 Ⅱ型集中器安装

4.1.1 安装信息确认

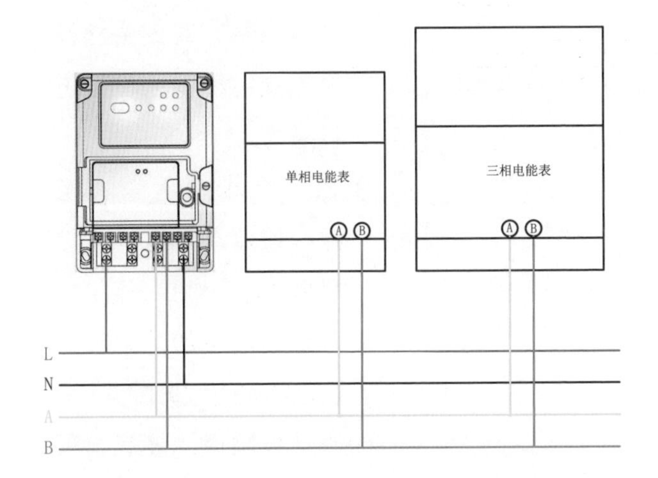

Ⅱ型集中器电源及RS485接线示意图

现场确认

居民集抄现场查勘单

查勘单位：新**　　查勘人员：****

申请类别：新装　　打印人员：****　　打印日期：2012年3月21日

查询号	xhbd008	台区名	****7#配电房		
申请备注					
以下由查勘人员现场填写					
采集器名称	********7#配电房8#	采集器安装地址	F区******室F4-1-（-1）F-1#左边外挂		
采集范围	F4-1-（-1）F-1# F4-1-（-1）F-2#	是否加装采集箱（√/×）	√		
采集箱与其他管线的距离					

表箱情况

表箱编号	安装地址及楼层	安装方式（明/暗）	箱体接地（√）	离地高度（cm）	总表位数	空表位数
表箱1	F4-1-（-1）F-1# F区******室	暗	√	100	12	12
表箱2	F4-1-（-1）F-2# F区******室	暗	√	100	12	9

表箱编号	序号	户号	资产编号	表地址	485口（√）	表规约	换表（√/×）
1	6	空表位					
1	5	空表位					
1	4	空表位					
1	3	空表位					
1	2	空表位					
1	1	空表位					
1	7	空表位					
1	8	空表位					
1	9	空表位					
1	10	空表位					
1	11	空表位					
1	12	空表位					
2	6	33****3489	0009****66	0000****66	√	645-97	×
2	5	空表位					
2	4	33****1282	0009****32	0000****32	√	645-97	×
2	3	空表位					
2	2	空表位					
2	1	空表位					
2	7	空表位					
2	8	33****2581	0009****92	0000****92	√	645-97	×
2	9	空表位					
2	10	空表位					
2	11	空表位					
2	12	空表位					

接地电阻	表箱1：1.7欧姆	表箱2：1.4欧姆	表箱3：欧姆	表箱4：欧姆
箱间连线情况：				

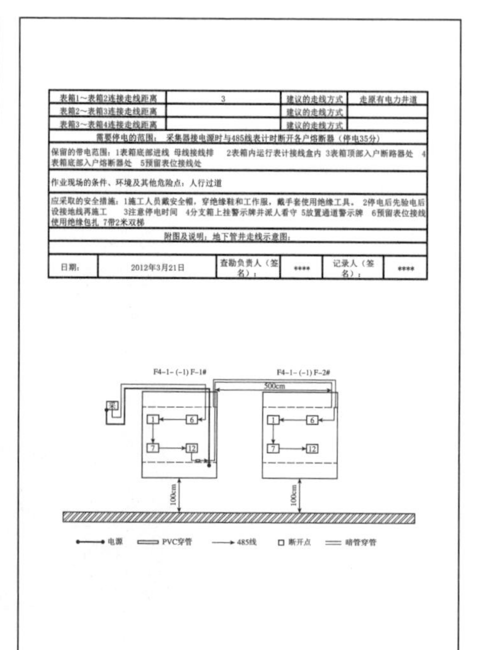

表箱1～表箱2连接走线距离	3	建议的走线方式	走原有电力井道
表箱2～表箱3连接走线距离		建议的走线方式	
表箱3～表箱4连接走线距离		建议的走线方式	
需要停电的范围：采集器接电源时与485线表计时断开各户熔断器（停电35分）			
保留的带电范围：1表箱底部进线 母线接线排　2表箱内运行表计接线盒内 3表箱顶部入户断路器处　4表箱底部入户熔断器处　5预留表位接线处			
作业现场的条件、环境及其他危险点：人行过道			
应采取的安全措施：1施工人员戴安全帽，穿绝缘鞋和工作服，戴手套使用绝缘工具。2停电后先验电后设接地线再施工　3注意停电时间　4分支箱上挂警示牌并派人看守 5放置通道警示牌　6预留表位接线使用绝缘包扎 7带2米双梯			
附图及说明：地下管井走线示意图：			

日期：	2012年3月21日	查勘负责人（签名）：	****	记录人（签名）：	****

查勘单正面　　查勘单反面

工作内容

①开表箱、计量柜门。

②核对查勘信息及配用集中器记录，对集中器编号与集中器安装位置进行确认。

③核对查勘单上采集范围，检查现场电能表信息是否与查勘单一致。

④确定是否需加装采集箱及表箱间走线方式。

⑤确认危险点、注意事项及安全措施。

4.1.2 外挂采集箱安装

采集箱固定

①采集箱安装位置选择：根据查勘单附图确定采集箱安装位置，对于明装表箱，采集箱安装位置应尽量靠近表箱；对于暗装表箱，采集箱安装如无法采用暗装，箱底离地面或台阶的垂直距离不小于2.5m。

②位置标记。

③墙面钻孔。

④用膨胀螺丝固定采集箱背板。

! 查勘单上标注需加装采集箱

4.1.3 集中器及熔断器安装

①安装挂装固定螺丝。

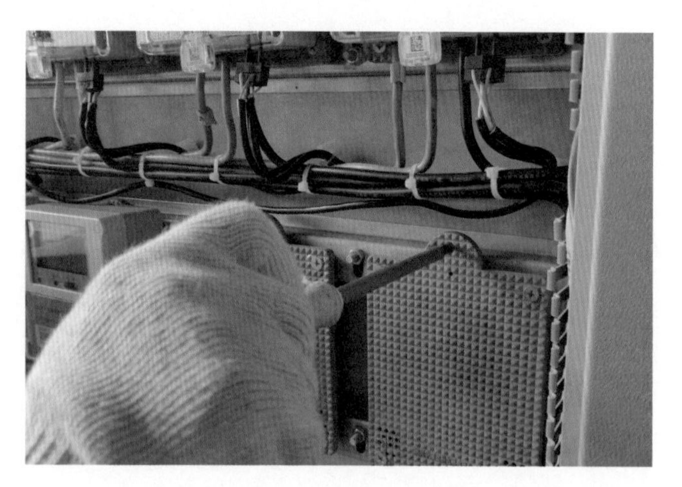

②挂装集中器，调整垂直度。

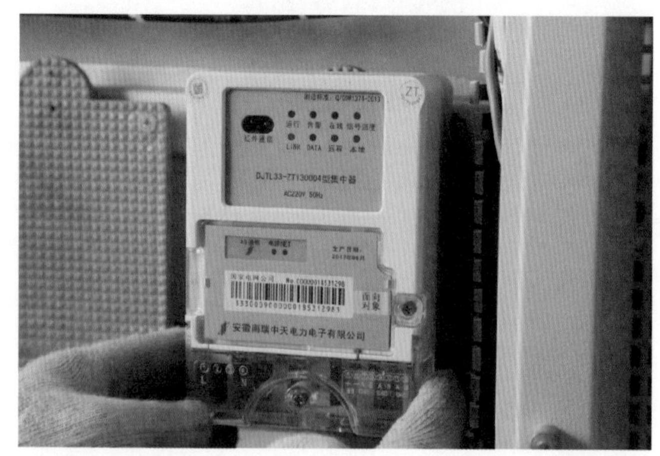

③旋松集中器下盖板螺丝并打开盖板。

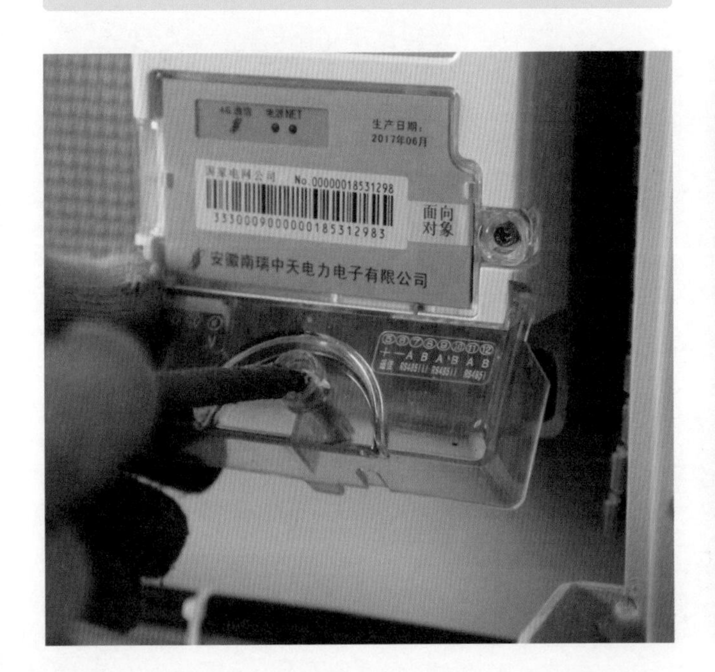

④安装下角固定螺丝。

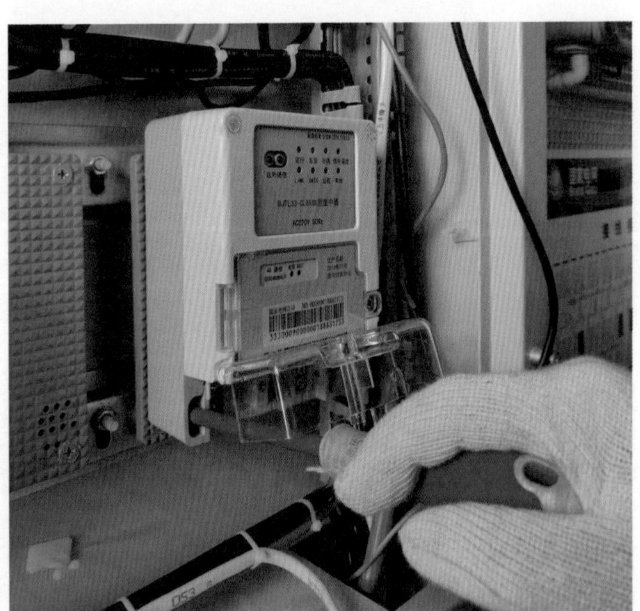

⑤天线连接及位置摆放。

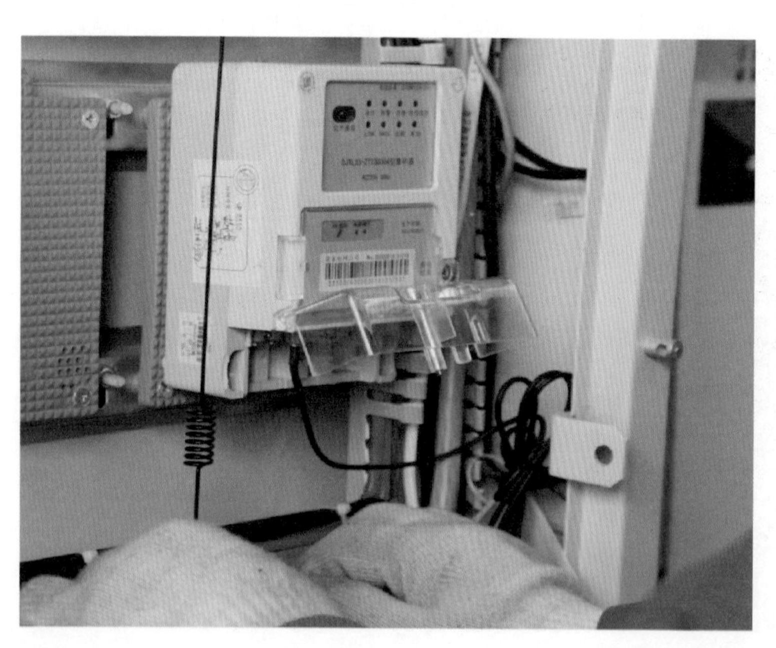

天线放置位置应确保信号良好，天线固定牢固可靠。如天线需伸出箱体外，可用PVC套管固定，防止损坏。

⑥在表箱（采集箱）内安装固定空气开关。

表箱内安装固定空气开关

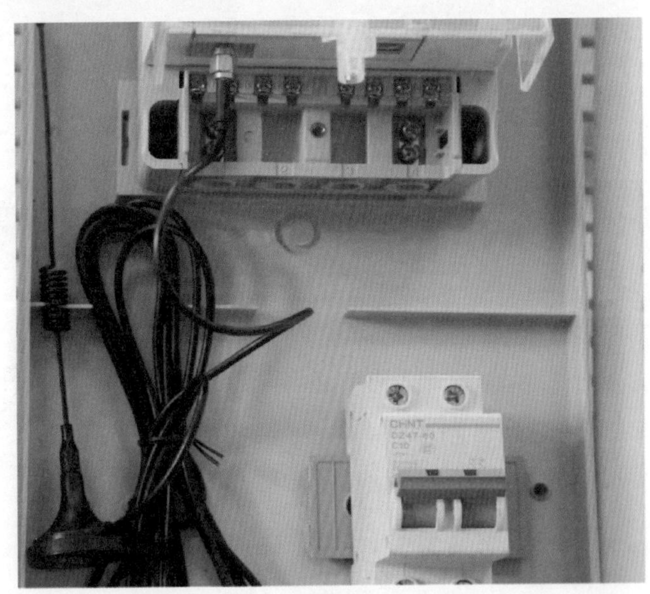

采集箱内安装固定空气开关

4.1.4 表箱内RS485线布线

本书介绍利用一种连接件进行RS485线箱内布线的施工方法。

RS485线截取及剥线

节距长度宜为10cm，根据采集器走线方案，末端表箱截取RS485线长多为箱内表位乘以节距；其他表箱截取RS485线长度为箱内表位加1再乘以节距。每节两端各剥去1cm护套。

RS485线剥去外层护套

连接件压接

连接件的红色端子始终与RS485的A线连接，黑色端子始终与RS485的B线连接。

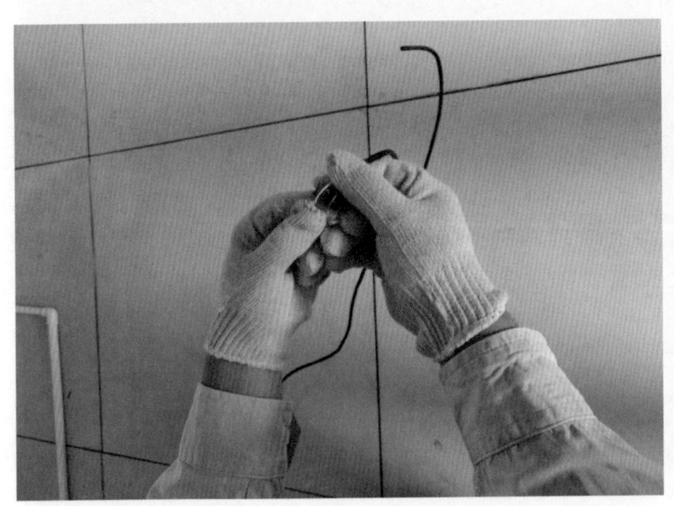

连接件接入

后盖压接固定

布线及固定

RS485线敷设从右上表位开始，从右到左，从上到下，S形依次布线。空置表位也需放线。RS485线用吸盘固定、做弯。

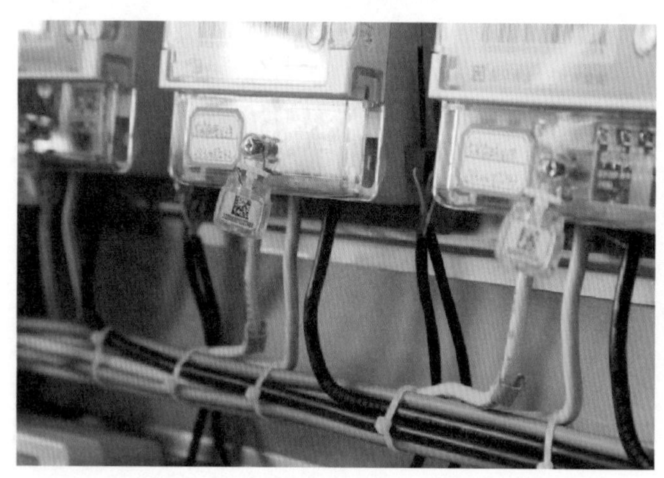

RS485布线

吸盘固定做弯

短路、断路测试

用万用表进行测试

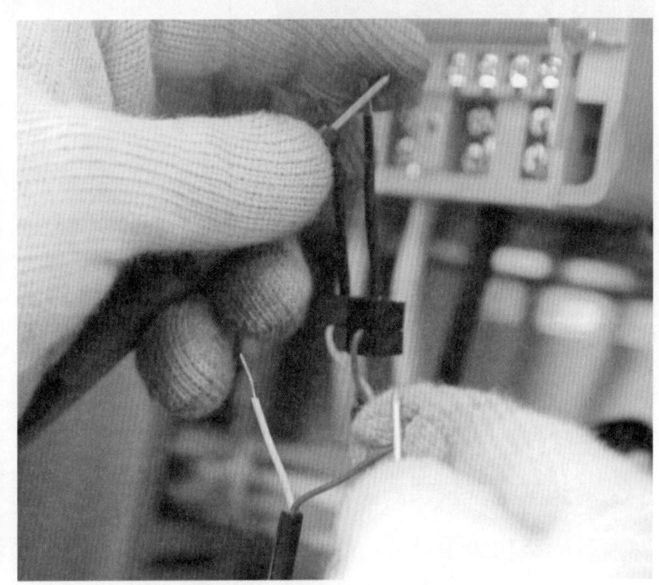

用万用表蜂鸣挡测试RS485线同相是否断路，异相是否短路

4.1.5 箱间RS485线布线及回通

地下管线方式

该方法常用于两个单元之间的表箱有预留通道或RS485铠装电缆，通向同一分支箱的情况。

①放线。如有预埋RS485电缆，可直接使用预埋电缆，无需放线。

②剥线。

③短路测试。短路测试不通过的禁止使用。

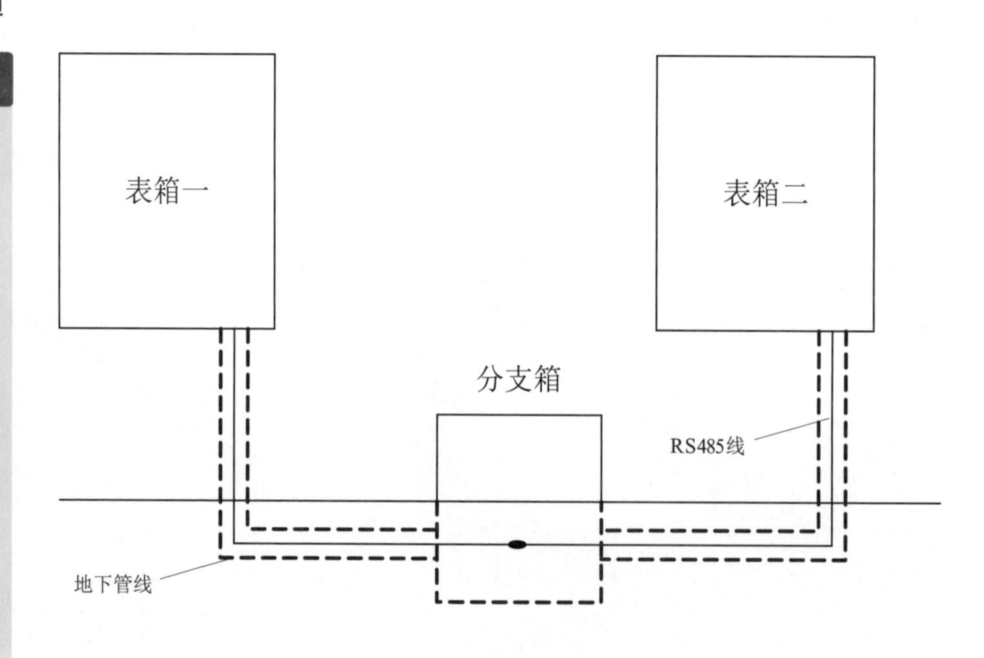

地下管线分支箱并头示意图

④屏蔽层接地：采用单端接地，一般在首端，分支箱内并头的两根箱间RS485线分别在表箱侧接地。

屏蔽网金属丝顺时针绕为一股

屏蔽网金属丝和接地线绞接

接地线与表箱接地点连接

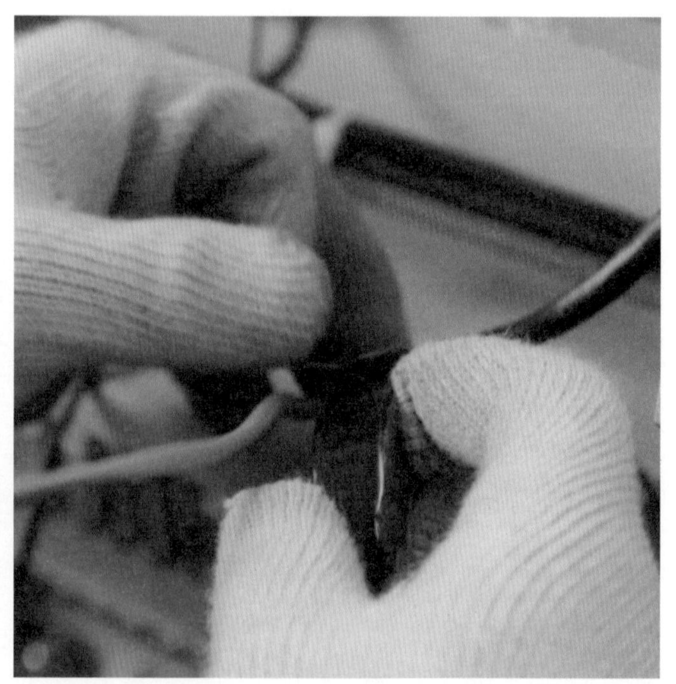

绝缘胶带缠绕金属裸露部分

⑤制作接头，与箱内RS485线接通。

箱内、箱间RS485线接头端口制作

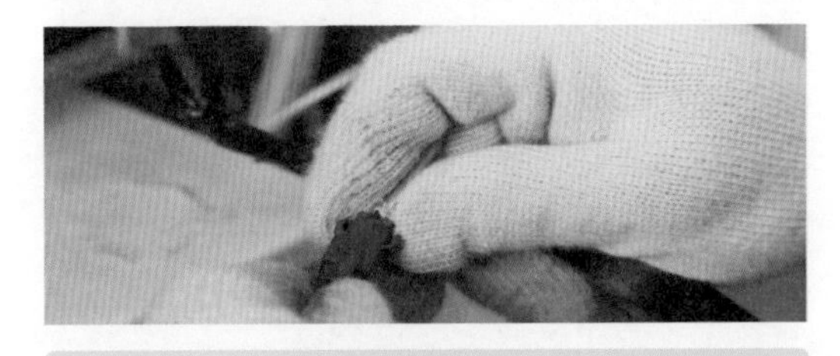

插接组合

⑥分支箱内并头。

⑦标牌制作和固定。

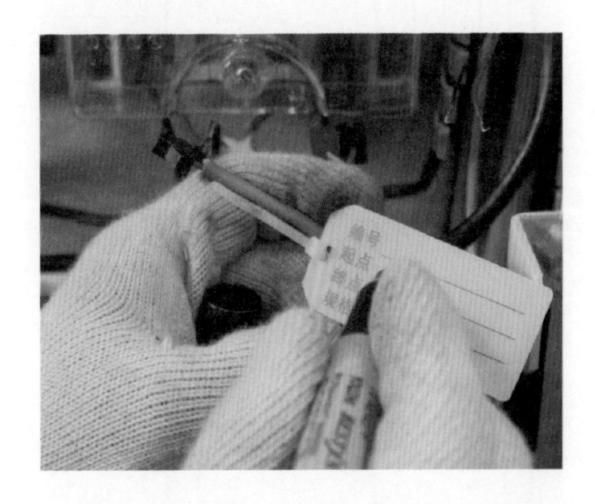

标牌上准确填写编号、起点、终点、RS485线规格信息后，用扎带固定在RS485线上

沿墙敷设方式

该方法常用于表箱间无预埋管道连接。

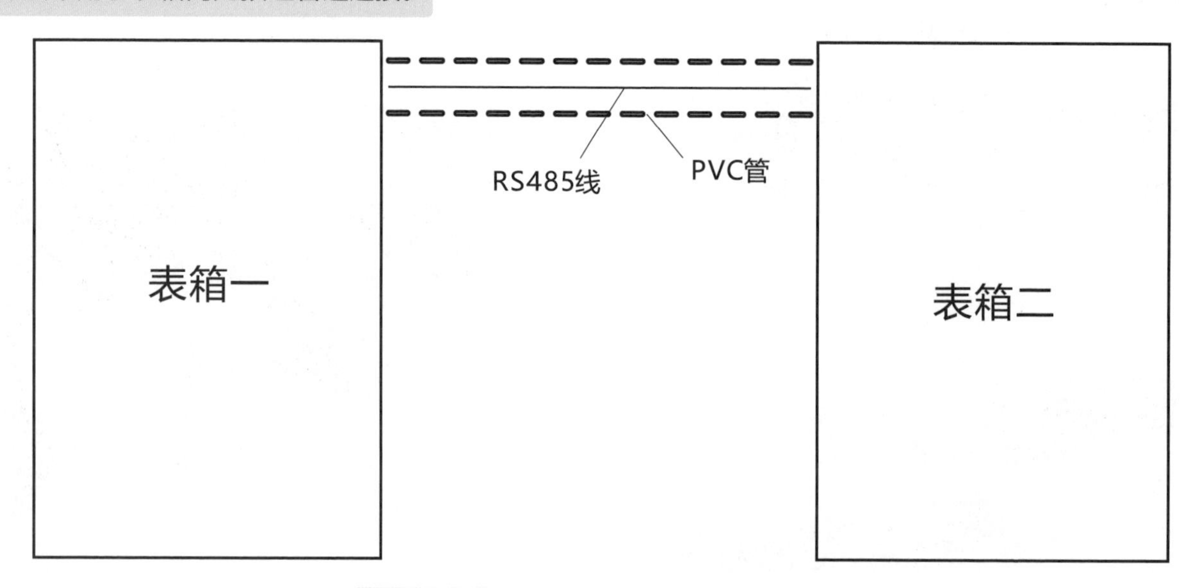

PVC管沿墙敷设示意图

布 线 → 短路、断路测试 → PVC管穿线 → 套 管 → 线卡固定 → 屏蔽层接地 → 与箱内RS485线接通 → 短路、断路测试 → 标牌制作和固定 → 检 查

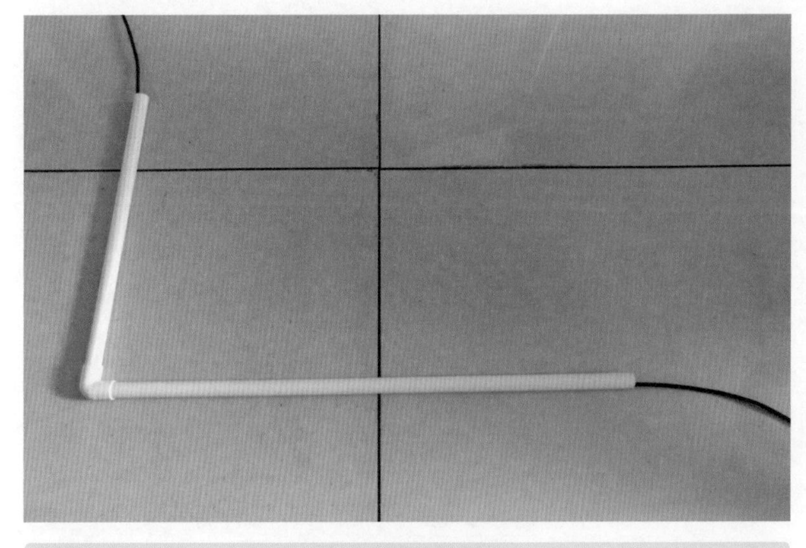

PVC管穿线套管

线卡固定

弱电井方式

该方法常用于高层或地下室，有预留通信井道的情况

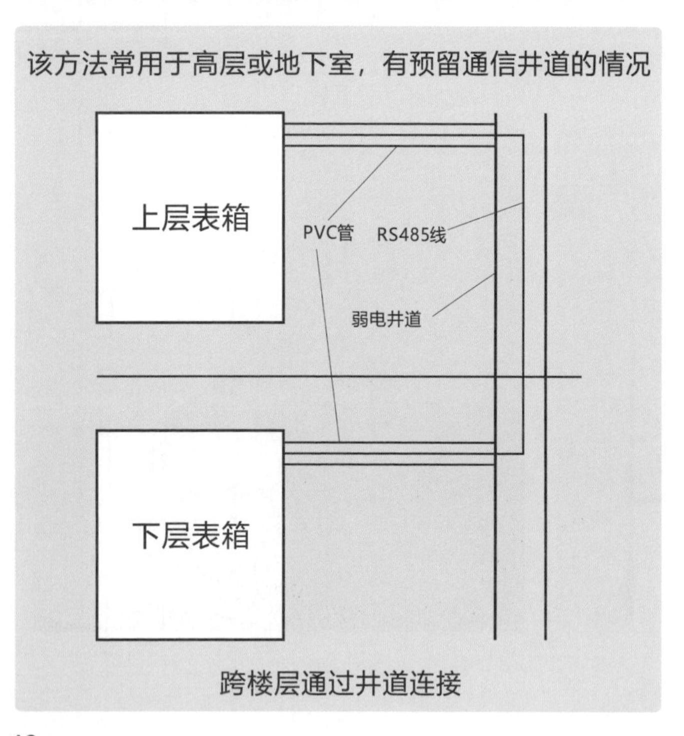

跨楼层通过井道连接

表箱至井道RS485线穿管敷设

打开井道盖板

井道内放线

短路、断路测试

扎带固定

井道至另一表箱RS485线穿管敷设

屏蔽层接地

与箱内RS485线接通

标牌制作和固定

井道盖板合拢

井道内放线

扎带固定

4.1.6 RS485线接入电能表和集中器

①拆除封印。

②打开表盖。

③电能表RS485口检测：使用测电笔测量电能表RS485口，如氖泡灯亮，则电能表RS485口故障带交流电，接入RS485总线后会对安全与设备产生重大影响，需换表后再接入。

④旋松电能表RS485螺丝。

⑤从下侧接入电能表RS485口。

⑥旋紧电能表RS485螺丝，以不伤RS485线金属部分且拉拽RS485线时无松动感为宜。

⑦集中器接入方法同电能表。

! 电能表RS485端口和RS485线A、B端正确对应。

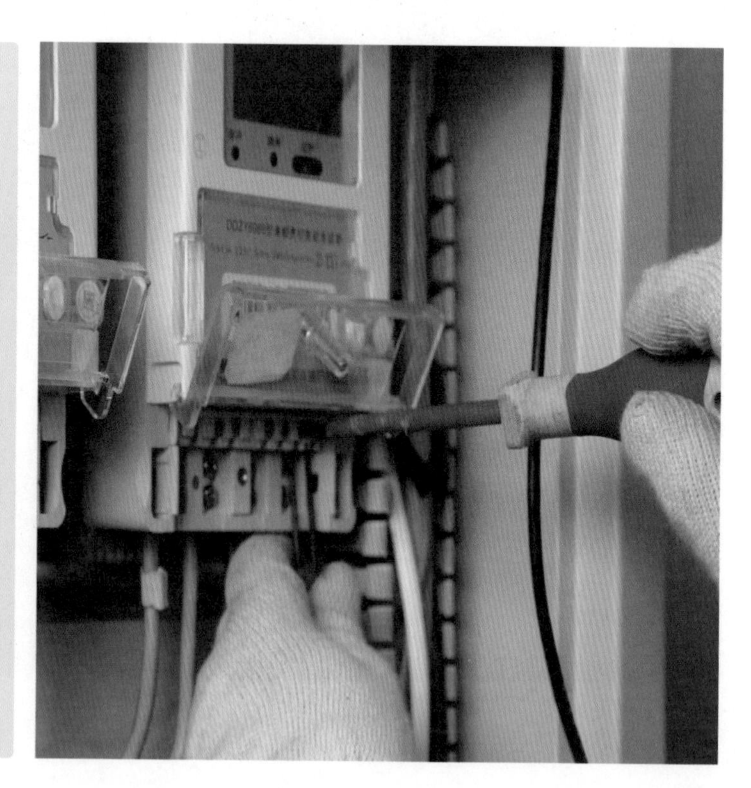

4.1.7 电源接入

①停电及验电。

②卸下电源铜排盖板。

③预估空气开关上桩头至电源铜排上桩头电源线长度。

④截取。

⑤剥线。

⑥敷设空气开关至电源铜排电源线。

⑦接入空气开关上桩头。

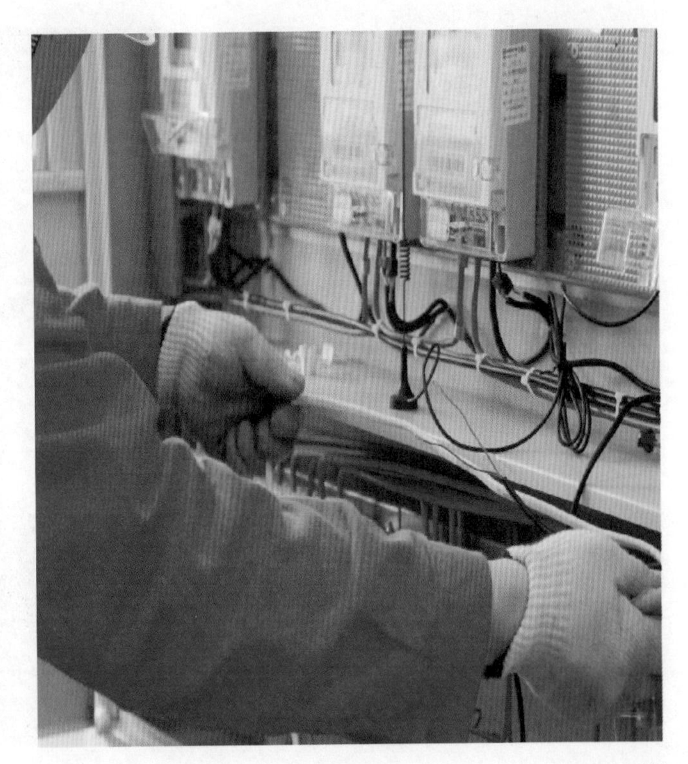

⑧二次预估电源线长度。

⑨截去多余导线。

⑩剥线。

⑪接入电源铜排。

⑫旋松集中器电源端钮。

⑬预估集中器至空气开关下桩头电源线长度。

⑭截取。

⑮剥线。

⑯敷设集中器至空气开关电源线。

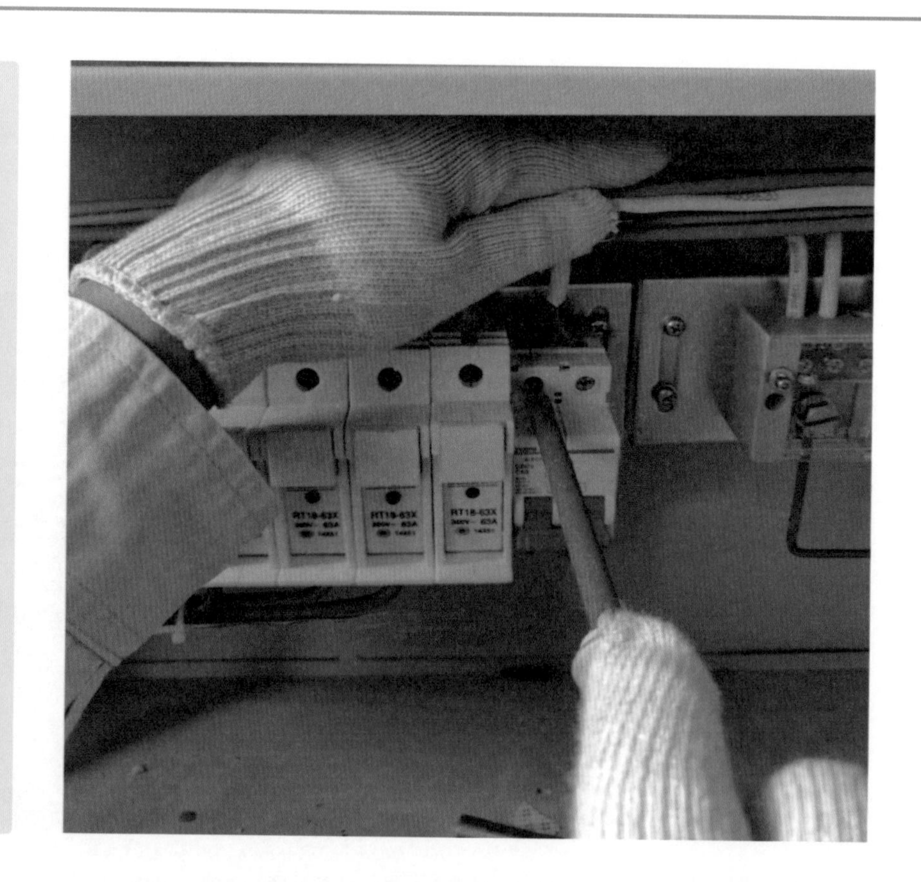

⑰接入空气开关下桩头。

⑱二次预估电源线长度。

⑲截去多余导线。

⑳剥线。

㉑接入集中器电源端钮。

㉒电源线用扎带绑扎。

㉓恢复供电后合上空气开关，观察集中器电源、信号强度等指示灯是否正常。

！ 电源铜排每只接线螺钉上导线数不能超过两根

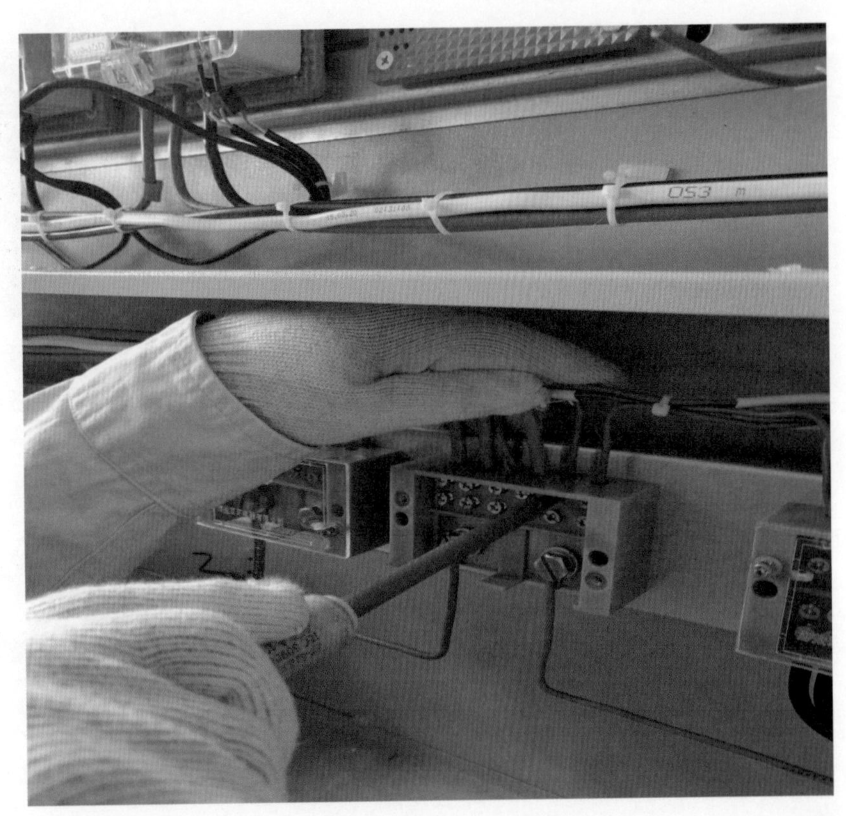

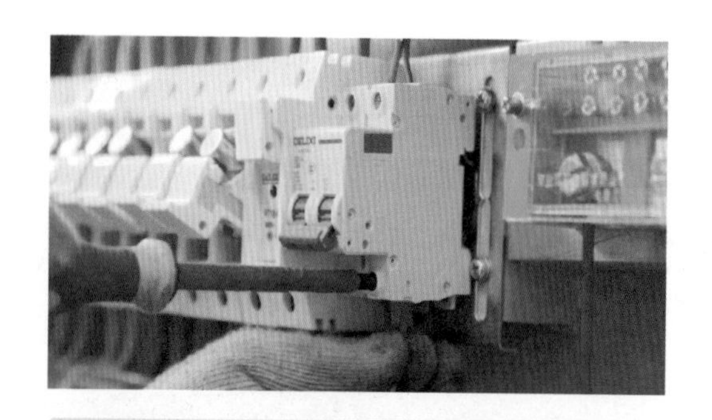

集中器电源线接入空气开关下桩头

运行灯、在线灯、GPRS灯常亮，告警灯无闪烁，信号强度以绿色为宜

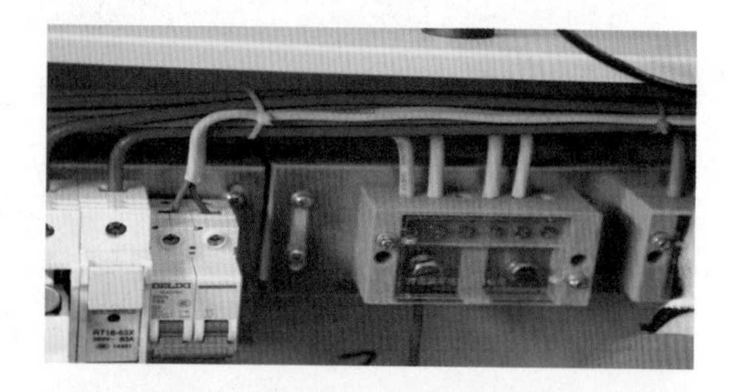

空气开关至电源铜排电源线绑扎

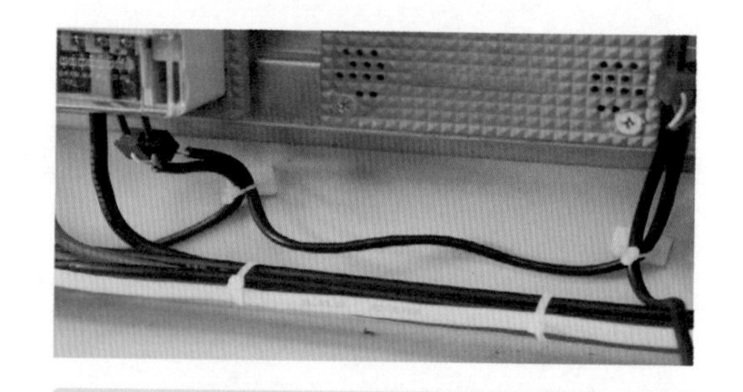

集中器至空气开关电源线绑扎

4.2 载波模式安装

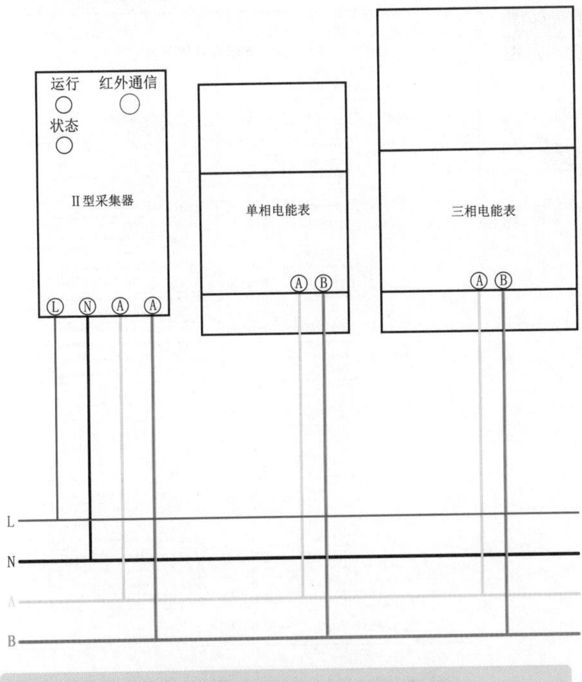

Ⅱ型采集器电气连接示意图

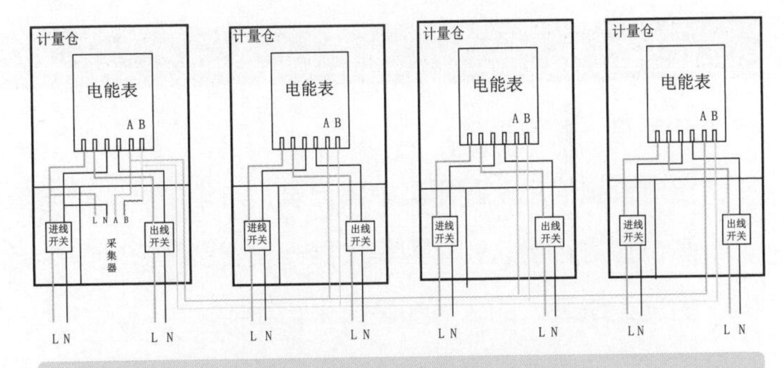

Ⅱ型采集器现场接线示意图

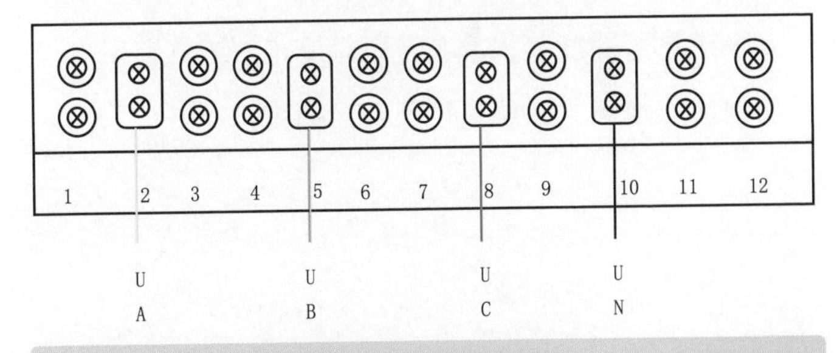

Ⅰ型集中器接线示意图

4.2.1 安装信息确认

工作内容

①开表箱、计量柜门。

②核对查勘信息及配用集中器记录，对集中器编号与集中器安装位置进行确认。Ⅰ型集中器一般安装在公变终端旁，特殊情况无法装入的，可加装在采集箱内。

③核对查勘单上采集范围，检查现场电能表信息是否与查勘一致。

④确定是否需加装采集箱及表箱间走线方式。

⑤确认危险点、注意事项及安全措施。

电力客户基础信息核查表

台区名称：群******变

台区编号：000****016

1、无线采集用户核查明细表：

采集器序号	用户户号	用户名称	用电地址
群乐坊公变载波	33****1398	陈*柱	南浔镇夏家桥*****************02 室
	33****1391	陈*春	南浔镇夏家桥*****************01 室
	33****1395	陆*江	南浔镇夏家桥*****************01 室
	33****1386	闵*平	南浔镇夏家桥*****************02 室
	33****1399	夏*富	南浔镇夏家桥*****************01 室
	33****1387	吴*金	南浔镇夏家桥*****************01 室
	33****1390	邱*强	南浔镇夏家桥*****************02 室
	33****1394	王*毛	南浔镇夏家桥*****************02 室
	33****1371	朱*生	南浔镇夏家桥*****************01 室
	33****1375	蔡*	南浔镇夏家桥*****************01 室
	33****1392	曹*炜	南浔镇夏家桥*****************02 室
	33****1378	俞*年	南浔镇夏家桥*****************02 室
	33****1374	陈*柱	南浔镇夏家桥*****************02 室
	33****1370	吴*振	南浔镇夏家桥*****************02 室
	33****1379	陶*	南浔镇夏家桥*****************01 室
	33****1383	范*民	南浔镇夏家桥*****************01 室
	33****1415	胡*	南浔镇夏家桥*****************01 室
	33****1411	邢*康	南浔镇夏家桥*****************01 室
	33****1407	王*华	南浔镇夏家桥*****************01 室
	33****1403	朱*森	南浔镇夏家桥*****************01 室
	33****1410	章*珍	南浔镇夏家桥*****************02 室
	33****1406	诸*权	南浔镇夏家桥*****************02 室
	33****1414	占*林	南浔镇夏家桥*****************02 室
	33****1402	孙*涌	南浔镇夏家桥*****************02 室
	33****1368	任*国	南浔镇夏家桥*****************02 室
	33****1372	叶*明	南浔镇夏家桥*****************02 室
	33****1376	胡*芳	南浔镇夏家桥*****************02 室
	33****1380	严*萍	南浔镇夏家桥*****************02 室
	33****1369	曹*镜	南浔镇夏家桥*****************01 室
	33****1373	庄*祥	南浔镇夏家桥*****************02 室
	33****1381	丁*祥	南浔镇夏家桥*****************01 室
	33****1377	潘*梅	南浔镇夏家桥*****************01 室

电力客户基础信息核查表

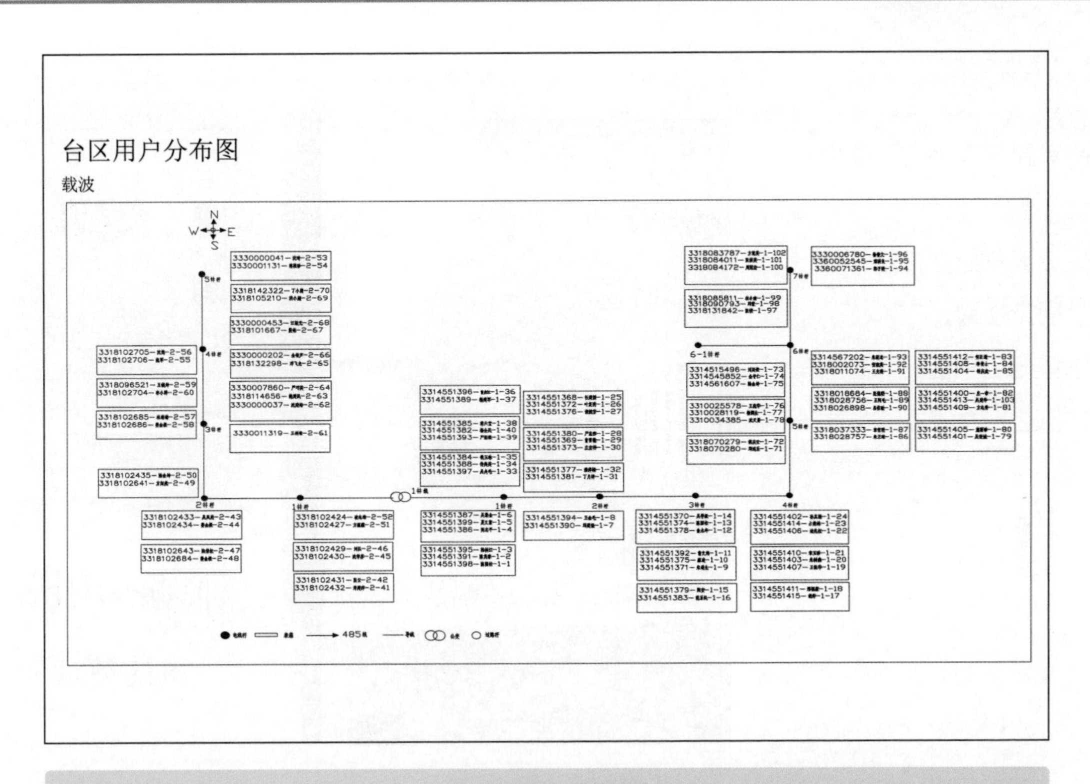

台区用户分布图

4.2.2 Ⅱ型采集器安装

①确定采集器在表箱（采集箱）内安装位置。

②调整采集器背面挂钩。

③用螺丝固定挂钩。

④调整采集器至垂直。

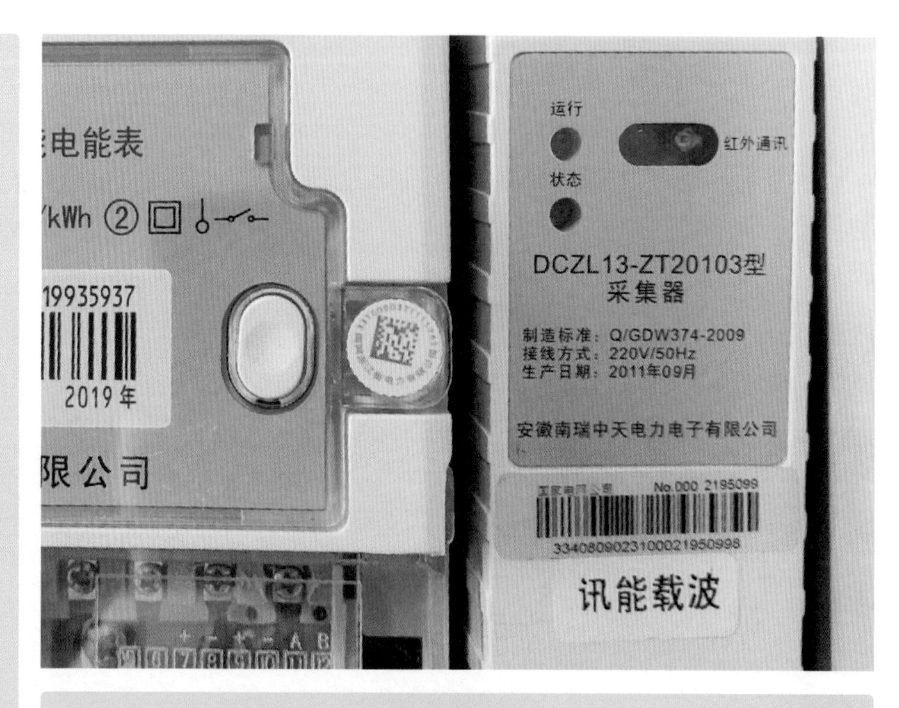

采集器固定

4.2.3 RS485线接入电能表

①拆除封印。

②旋松表盖螺丝。

③卸下表盖。

④电能表RS485检测，使用测电笔测量电能表RS485口，如氖泡灯亮，则电能表RS485口故障带交流电，接入RS485总线后会对安全与设备产生重大影响，需换表后再接入。

⑤旋松电能表RS485螺丝。

⑥从下侧接入电能表RS485口，注意电能表RS485口和RS485线A、B正确对应。

⑦旋紧电能表RS485螺丝，以不伤RS485线金属部分且拉拽RS485线时无松动为宜。

⑧合上表盖。

⑨旋紧表盖螺丝。

⑩表盖加封。

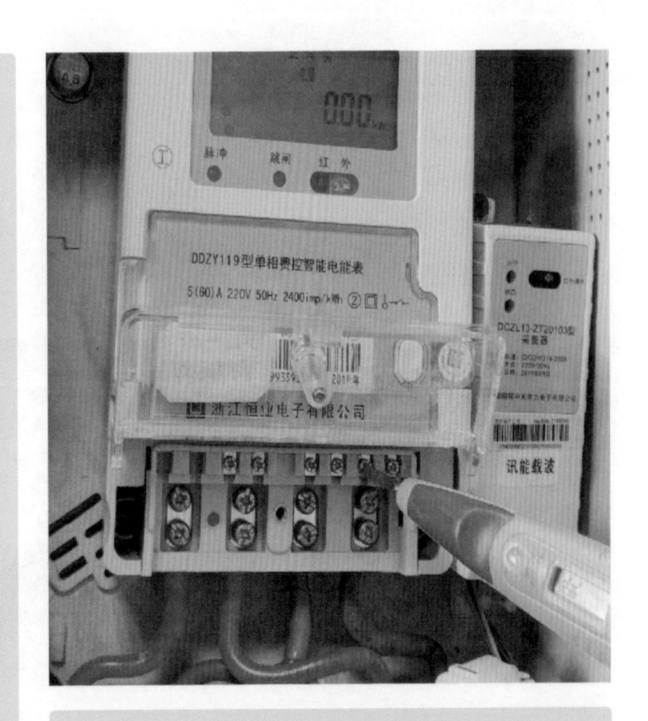

RS485电压端口检测

4.2.4 采集器接通电源

①卸下表箱内接线盒盖板。
②断开电源搭片。
③采集器电源线接入接线盒上桩头。
④合上电源搭片，观察采集器运行指示灯是否正常。
⑤接线盒加盖。

断开电源搭片后，接线盒出线端后电气部分失电

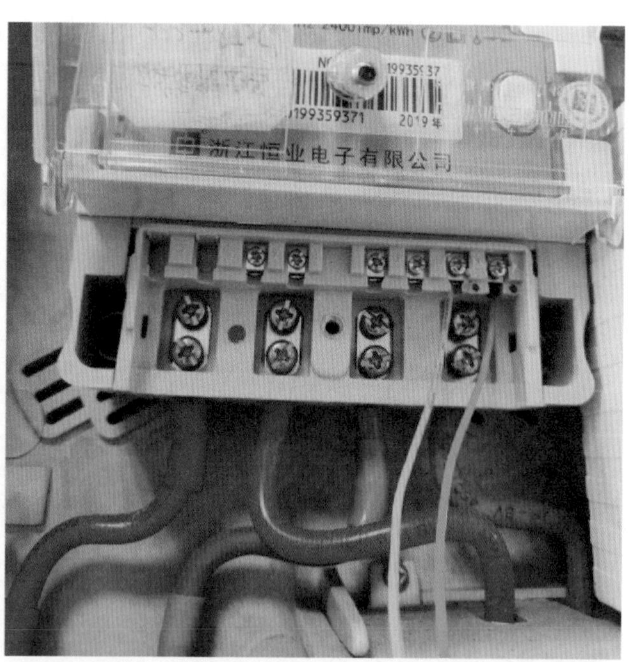

RS485线接入电能表

取电应可靠，接线牢固，多余电源线和RS485线可用吸盘或扎带固定

合上电源搭片并加盖

运行灯应常亮，状态灯闪烁说明采集器有通信

4.2.5 外挂采集箱及空气开关安装

根据实际情况空气开关可用接线盒替换。

①采集箱安装位置选择：根据查勘单附图确定采集箱安装位置，位置应选择在表箱边侧尽量靠近表箱位置，采集箱底离地面或台阶的垂直距离不小于2.5m。

②位置标记。

③墙面钻孔。

④膨胀螺丝固定采集箱背板。

⑤确定空气开关或接线盒在表箱（采集箱）内安装位置。

⑥安装螺丝固定。

⑦打开接线盒搭片。

! 查勘单上标注需加装采集箱

4.2.6 集中器安装

①确定集中器在表箱（采集箱）内安装位置。

②安装挂装固定螺丝。

③挂装集中器，调整垂直。

④旋松集中器下盖板螺丝。

⑤卸下集中器下盖板。

⑥安装下角固定螺丝。

⑦天线连接。

⑧天线位置摆放。

4.2.7 集中器接线

①集中器安装在采集箱内。

预估集中器至接线盒电源线长度

敷设集中器至联合接线盒电源线

接入集中器电源端钮，旋紧电源线接线螺丝接线时，先接零线后接相线

接入接线盒下桩头

N相接地

停电及验电

采集箱从低压母线或主干线取电，接入接线盒上桩头，进线扎带固定

恢复供电后合上接线盒电源搭片，观察集中器电源、信号强弱等指示灯是否正常

N相接地

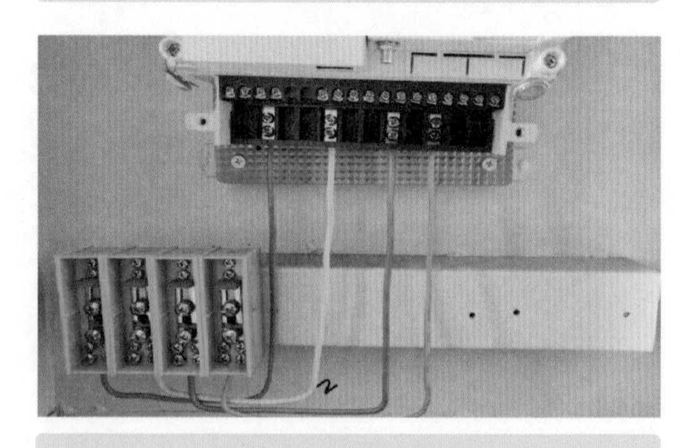

接入接线盒下桩头

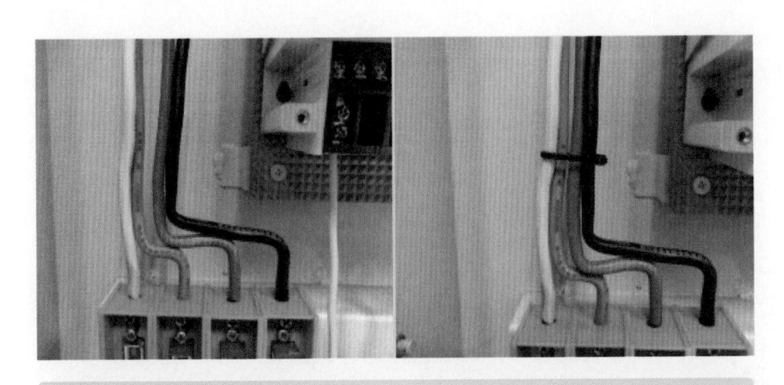

采集箱从低压母线或主干线取电，接入接线盒上桩头，扎带固定

复供电后合上接线盒电源搭片

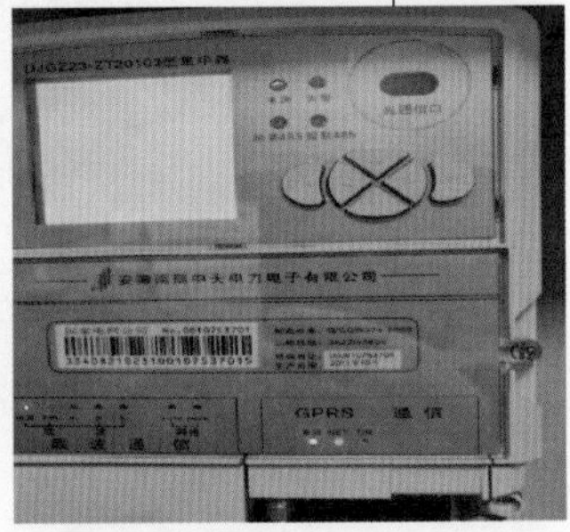

观察集中器电源、信号强度等指示灯是否正常

②集中器安装在公变计量柜内。

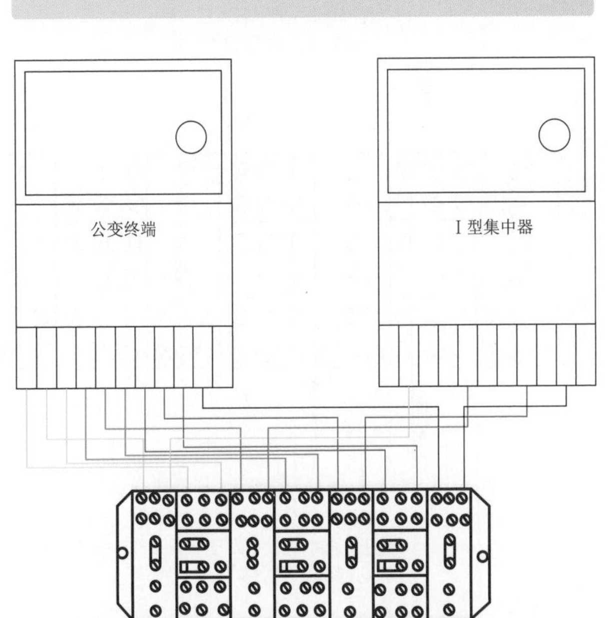

集中器安装示意图

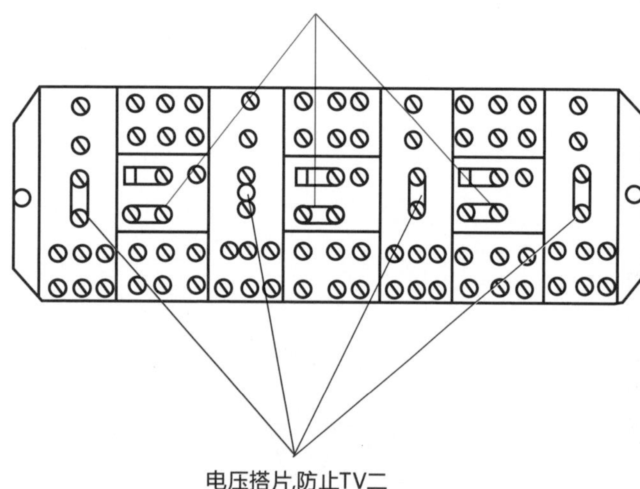

打开联合接线盒电压搭片

预估集中器至联合接线盒电源线长度

旋松集中器电源端钮

敷设集中器至联合接线盒上桩头电源线

接入集中器电源端钮

接入联合接线盒上桩头

合上联合接线盒电压搭片，观察集中器电源、信号强度等指示灯是否正常

！ 打开联合接线盒电压搭片，要求先相线后零线，接线和合电压搭片时，顺序相反

4.3 集中器更换

4.3.1 核对待拆与待装集中器

①开表箱、计量柜门。
②检查待拆集中器与装接单是否一致。
③检查待装集中器与装接单是否一致。

4.3.2 更换准备

①打开待装集中器下盖。
②旋松待装集中器接线螺丝。
③待拆设备停电及验电。

4.3.3 开始更换

①检查待拆采集设备封印并开封。
②卸下或打开集中器下盖板。
③拆下RS485通信线（Ⅱ型集中器）。
④旋松接线螺丝。
⑤拆下集中器固定螺丝，取下集中器。
⑥挂上待装集中器。
⑦固定集中器。
⑧将电源线接入集中器相应接线端口并旋紧。
⑨接入RS485通信线（Ⅱ型集中器）。
⑩恢复供电，观察集中器电源、信号强度等指示灯是否正常。

居民集抄现场装接单

申请类别：新装　　打印人员：　　打印日期：2019-3-19 16:09:15

查询号	190319184858		台区名	********花园1#变	
采集器单元名称	****花园1#楼3#楼采集器		采集器单元地址	********花园1#配变5#低压分支箱1#楼2单元表箱	
采集范围		采集器设备电源		是否加装采集箱	

采集设备信息

装/拆	设备局号	逻辑地址	SIM卡号
新装	18652379	95315911	1064726686558

电能表及用户信息

装/拆	表局号	表地址	表规约	户号	户名	用电地址	接线方式	通讯波特率	装接标志	处理时间
新装	100****4902	100****4902	DL/T645_2007	33****2424	毛*英	************************************	单相	3		
新装	100****1106	100****1106	DL/T645_2007	33****0085	毛*艳	************************************	单相	3		
新装	100****5535	100****5535	DL/T645_2007	33****6408	李*堰	************************************	单相	3		
新装	112****3798	112****3798	DL/T645_2007	33****2937	王*华	************************************	单相	3		
备注										

装接日期：　年　月　日　　装接人（签名）：

新装装接单

居民集抄现场装接单

申请类别：拆除　　打印人员：　　打印日期：2019-3-19 16:02:48

查询号	190319183724		台区名	********花园1#变	
采集器单元名称	****花园1#楼3#楼采集器		采集器单元地址	********花园1#配变5#低压分支箱1#楼2单元表箱	
采集范围		采集器设备电源		是否加装采集箱	

采集设备信息

装/拆	设备局号	逻辑地址	SIM卡号
拆除	18652379	95315911	1064726686558

电能表及用户信息

装/拆	表局号	表地址	表规约	户号	户名	用电地址	接线方式	通讯波特率	装接标志	处理时间
拆除	100****7877	100****7877	DL/T645_2007	33****9811	陶*刚	************************************	单相	3		
拆除	100****7878	100****7878	DL/T645_2007	33****9801	杨*	************************************	单相	3		
拆除	100****7883	100****7883	DL/T645_2007	33****9810	陈*娜	************************************	单相	3		
拆除	100****5535	100****5535	DL/T645_2007	33****6408	李*堰	************************************	单相	3		
备注										

装接日期：　年　月　日　　装接人（签名）：

拆除装接单

4.4 采集器更换

4.4.1 检查待拆采集器

①开表箱、计量柜门。

②检查待拆采集器信息是否正确、状态是否正常。

4.4.2 停电及验电

4.4.3 开始更换

①电能表侧拆下RS485通信线。

②接线盒处拆下电力载波线。

③拆下固定螺丝，取下采集器。

④固定待装采集器。

⑤采集器RS485线接入电能表。

⑥采集器载波线接电源。

⑦恢复供电，观察采集器运行、状态等指示灯是否正常。

5 现场调试

5.1 Ⅰ型集中器调试及常见故障

5.1.1 Ⅰ型集中器调试

集中器安装完成上电后，首先查看集中器工作状态，若电源指示灯或运行灯不亮，则检查集中器电源线或者用万用表检查集中器内部电源是否故障。其次观察集中器信号，若信号弱需调整天线位置，或将天线拉到箱体外面。再次检查集中器测量点信息，如果集中器下测量点信息为空，则检查集中器模块等。若只有个别电能表测量点信息缺失，则用掌机等设备抄读电能表地址检查对应电能表和Ⅱ型采集器工作状态，排除对应故障点。

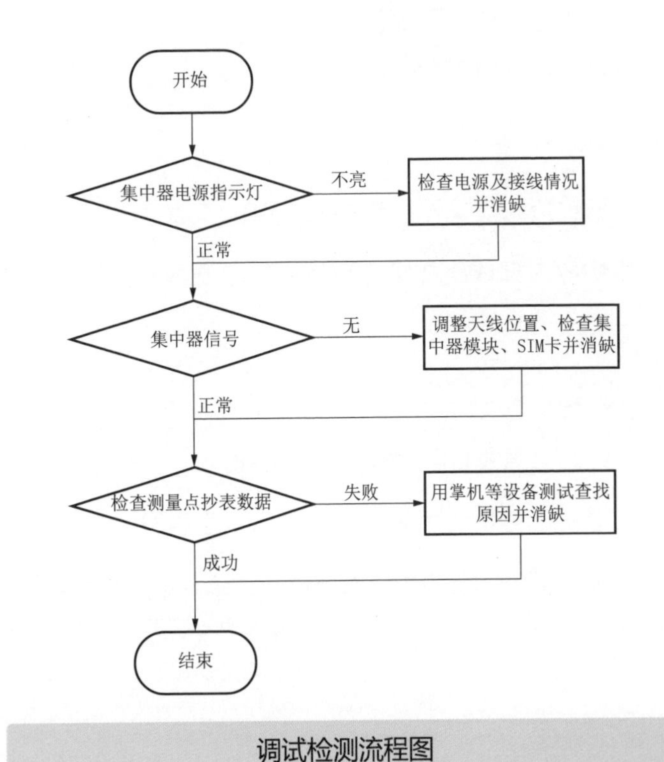

调试检测流程图

5.1.2 Ⅰ型集中器常见故障

5.1.2.1 集中器电源异常

故障分析：

①电源线接线错误导致集中器未带电。

②集中器内部线路故障导致集中器电源异常，无法正常工作。

现场处理：

①对终端电源线验电，检查现场接线。

②现场按键查看集中器屏幕及指示灯是否亮，判断集中器掉电原因，若集中器内部电源故障则更换集中器。

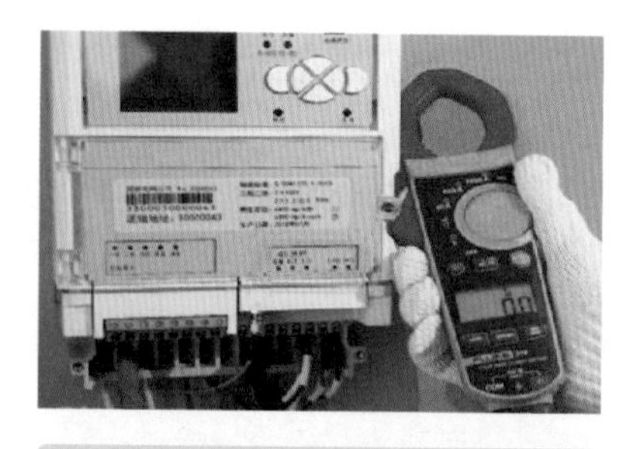

外部电源故障

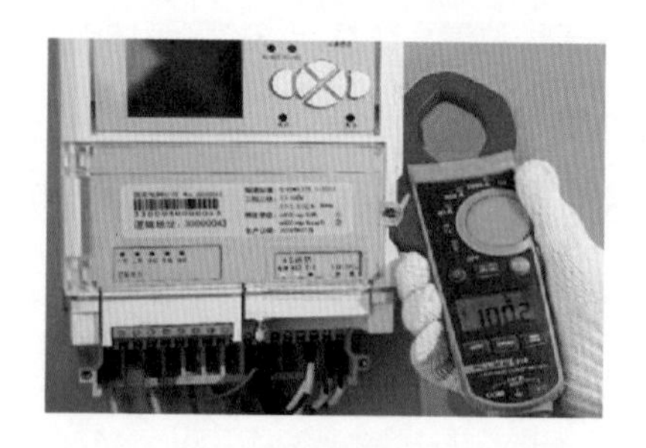

内部电源故障

5.1.2.2 集中器死机异常

故障分析：终端发生死机问题，无法正常工作。

现场处理：①运行灯不闪或对按键操作无响应，对集中器进行断电重启。

②重启后集中器未恢复正常运行，更换集中器。

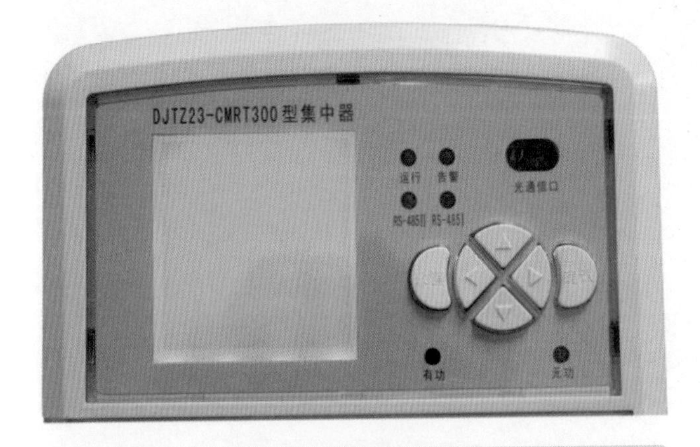

白屏（按键无响应）

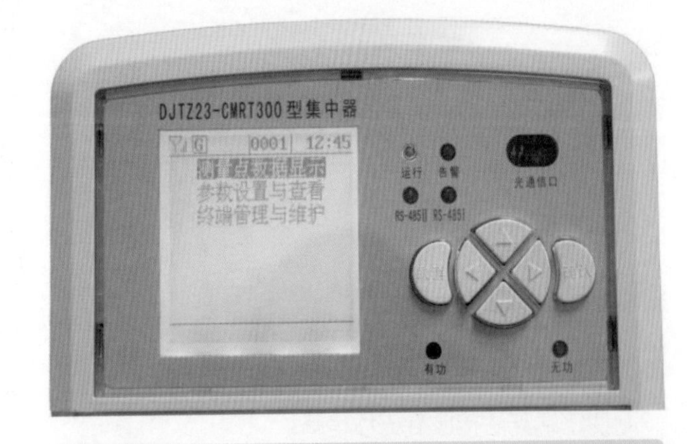

正常工作界面

5.1.2.3 现场无信号

故障分析：①终端安装位置无信号。

②天线所在位置信号受到屏蔽。

现场处理：检查现场信号强度是否符合要求。

①信号强度弱或无信号，可加装外延天线或信号放大器。

②若仍无法解决，联系运营商处理或更换其他运营商SIM卡。

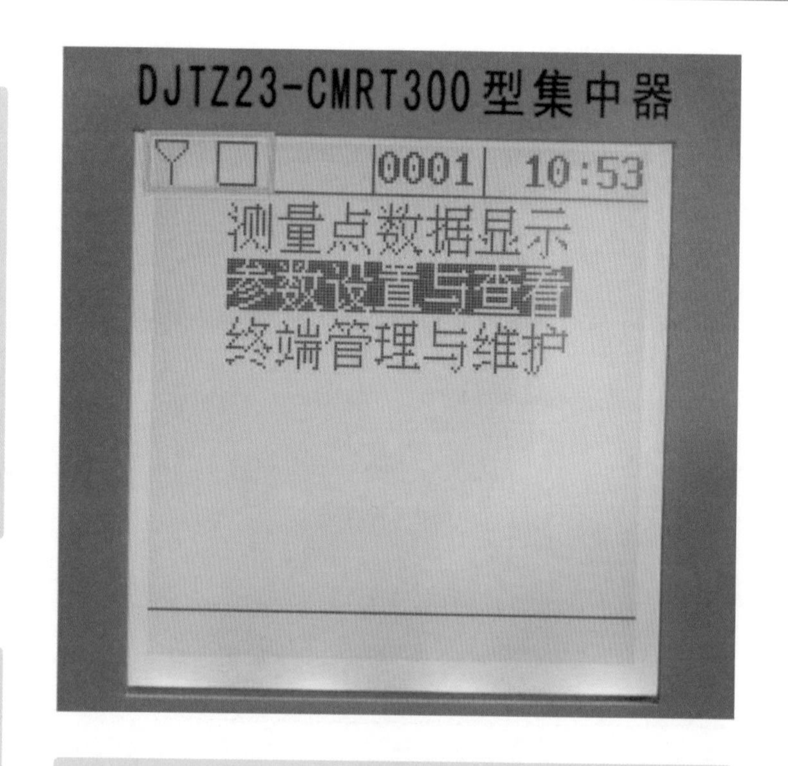

信号差

5.1.2.4 天线异常

故障分析：天线由于外力破坏或者自身质量问题使终端无法接收到无线信号。

现场处理：更换天线。

5.1.2.5 远程通信模块故障及SIM卡异常

故障分析：

①SIM卡安装不规范。

②SIM卡自身质量存在问题或者SIM卡设置不正确。

③终端模块安装不规范。

④远程通信模块自身故障。

现场处理：

①检查远程通信模块指示灯是否正常，若不正常重新安装或更换模块。

②检查远程通信模块针脚是否弯曲，若弯曲直接更换模块。

③检查SIM卡是否丢失、接触不良或损坏，若存在问题，重新更换SIM卡或联系运营商检查设置是否正确或停机。

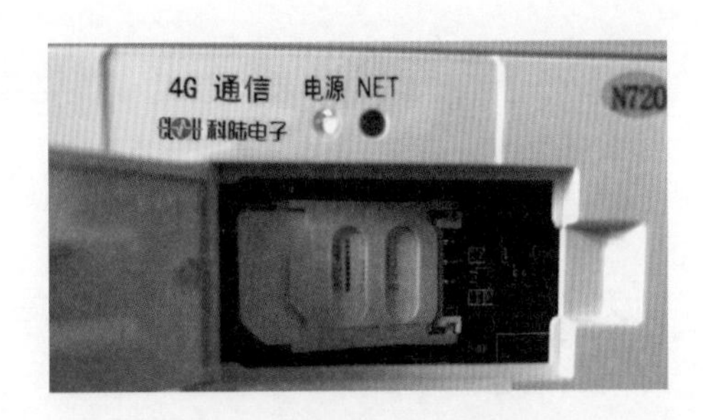

SIM卡松动

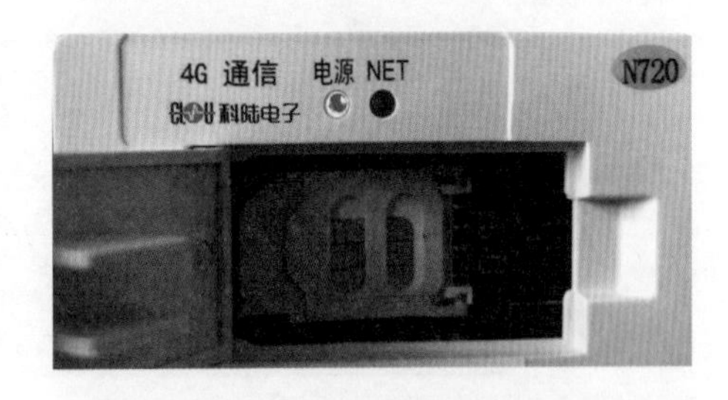

SIM卡装反

5.1.2.6 Ⅰ型集中器远程通信参数错误

故障分析：Ⅰ型集中器远程通信参数错误，不能正常登录主站。

现场处理：

①检查终端通信参数是否正确，如主站IP地址、端口号、终端逻辑地址、APN等。

②参数设置正确后重启终端。

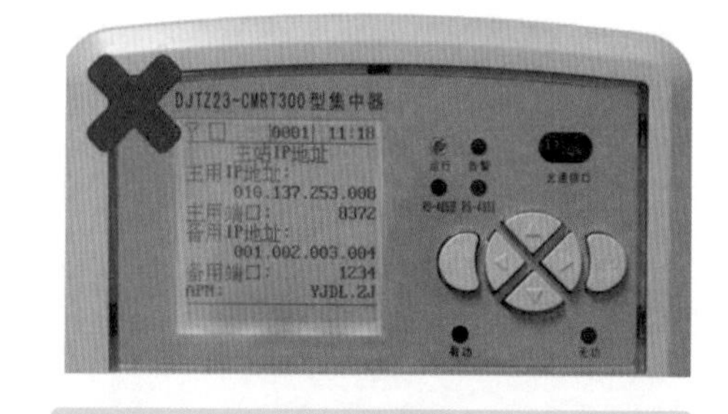

参数错误

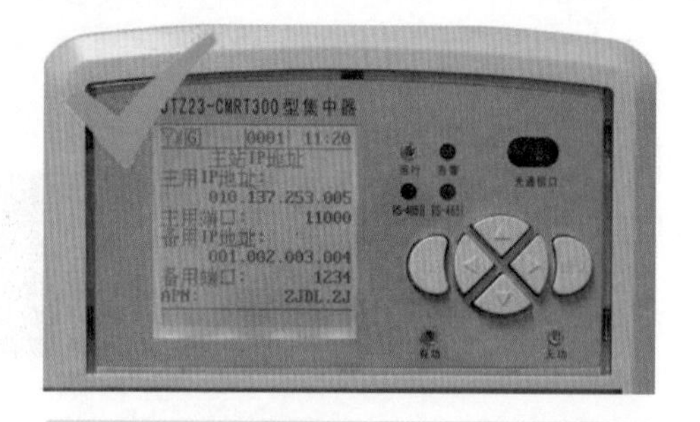

参数正确

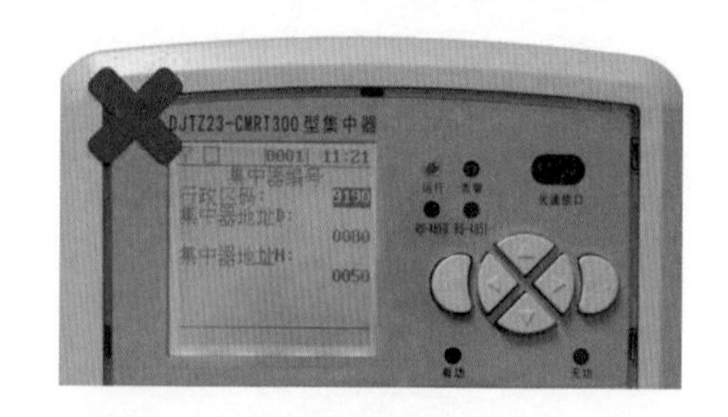

参数错误

5.2 Ⅱ型集中器调试及常见故障

5.2.1 Ⅱ型集中器测试

集中器新装现场调试主要确认RS485线、集中器与电能表是否通信正常。

5.2.1.1 RS485线通信测试

现场使用万用表测量RS485总线的电压。

RS485总线电压应保持在直流+3～+5V之间。

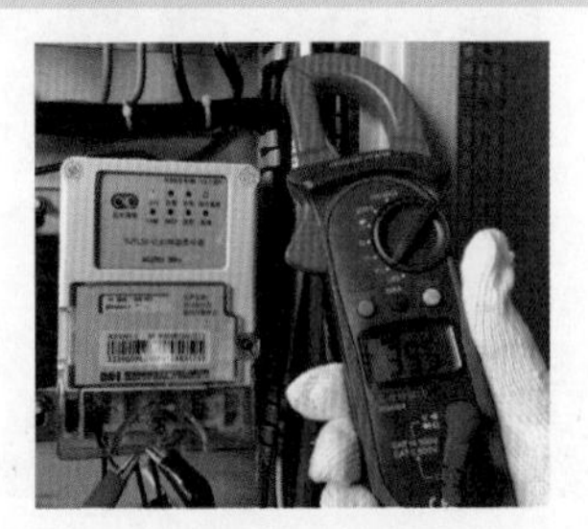

测试RS485线

5.2.1.2 电能表RS485端口是否通信正常

在未接RS485线的情况下，现场使用掌机抄读电能表地址，检查电能表RS485端口的通信情况。

用掌机抄读电能表地址

5.2.1.3 Ⅱ型集中器通信功能检查

①使用万用表交流电压挡，测试集中器工作电源是否正常。正常空载和带载电压均为220V左右，遇到零线断线或接地情况，带载电压会明显小于空载电压。此时集中器将处于不稳定工作状态，应排除电源故障。

②接入RS485总线前，使用万用表直流电压挡，测量集中器RS485端口电压。集中器RS485端口正常电压应在直流+5V左右，如果集中器电压不正常并且没有其他原因造成通信失败，应考虑更换集中器。

③RS485总线电压应保持在直流+3～+5V之间。

④现场观察Ⅱ型集中器信号强度灯、在线灯情况。信号强度灯红灯并且在线灯不亮，则现场更换增益天线；若不能恢复为绿灯，则检查通信模块和SIM卡；若模块和SIM卡设备正常，则上报给相关运营商进行信号覆盖加强处理；若模块或SIM卡故障则进行更换。判断Ⅱ型集中器、模块、SIM卡等设备是否故障，可以采用替换法，利用现场未安装的集中器或已经运行正常的集中器部件进行逐一替换测试，直至查明原因。

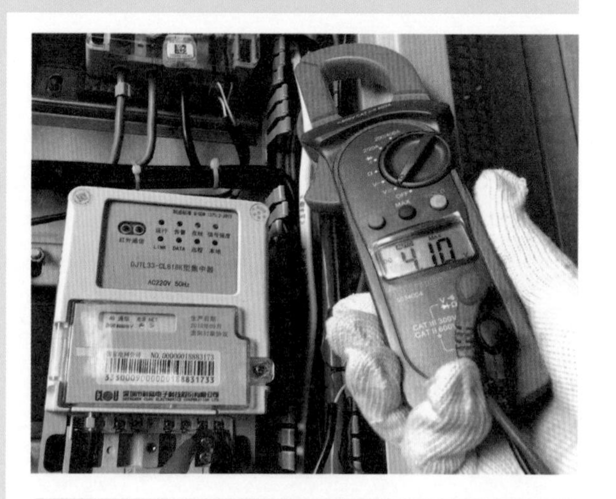

RS485端口电压

5.2.2 Ⅱ型集中器常见故障

5.2.2.1 集中器RS485线故障

故障分析：集中器RS485线开路或短路。

现场处理：用万用表测试RS485线A、B端口之间回路是否正常。

5.2.2.2 集中器RS485端口故障

故障分析：集中器端口硬件损坏或内部软件故障。

现场处理：用万用表对集中器的RS485端口进行测量，拆除RS485线A线（或B线）。

① 若万用表显示的数值为3~5V，则RS485端口正常。

② 若万用表显示的数值为0V，则RS485端口可能存在故障。

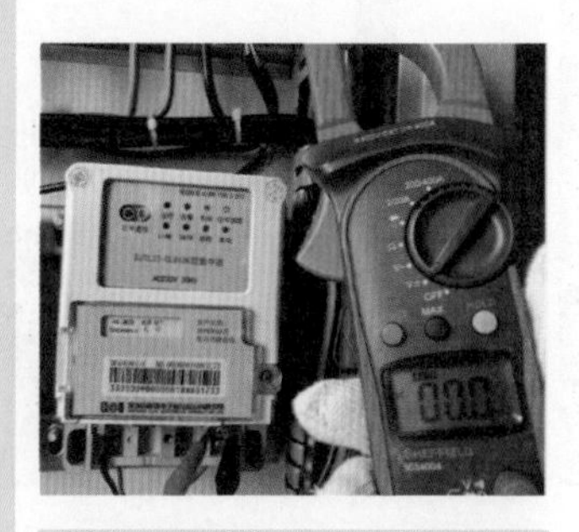

集中器RS485端口故障

5.2.2.3 集中器模块故障或者SIM卡异常

故障分析：集中器模块或者SIM卡损坏或故障。

现场处理：更换模块。

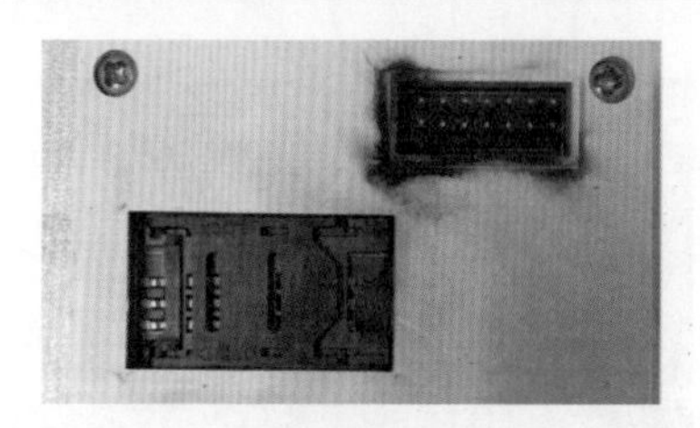

模块烧掉

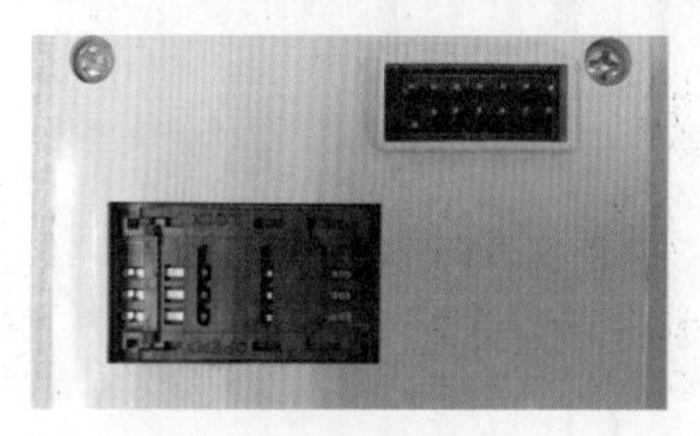

模块针脚异常

5.2.2.4 RS485线接线异常

故障分析：集中器RS485线未接、错接。
现场处理：改正或重新接线。

RS485线错接

RS485线未接

5.2.2.5 信号弱

故障分析：周边环境信号较差，信号强度灯为红灯。

现场处理：

①检查天线是否接触良好。

②更换增益天线，将天线移到信号较好的位置。

③若上述方法无法解决信号弱问题，联系运营商加强信号或更换其他运营商SIM卡。

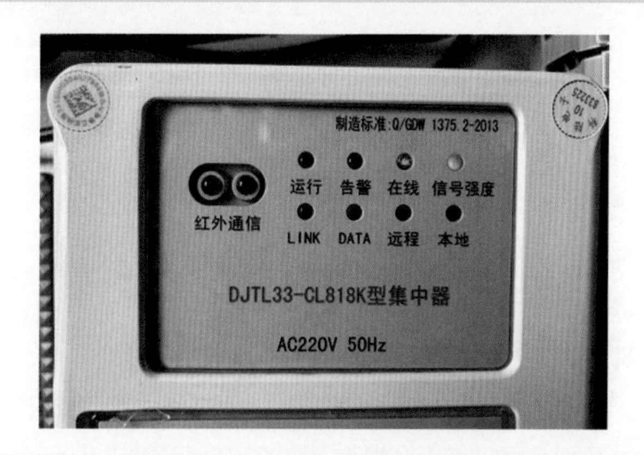

通信信号弱

四 作业结束

1 作业情况检查

① 工作人员向负责人汇报工作完成情况。

② 负责人持装接单、查勘单现场核对完成情况，记录变更情况。

2 加封印、清理、表箱上锁

① 现场清理。

② 合集中器盖，旋紧螺丝并加封。

③ 使用接线盒的，合上接线盒端钮盖，旋紧螺丝并加封。

④ 采集箱（公变计量柜）合上面板，旋紧螺丝并加封。

⑤ 合电能表表盖，旋紧螺丝并加封。

⑥ 表箱关闭上锁。

3 现场终结

① 装接单签字。

② 工作票终结。

4 资料录入

① 电力营销业务系统、电力用户用电信息采集系统流程结束。有更正的及时发起流程修正。

② 提供资料员制作台区建设资料。

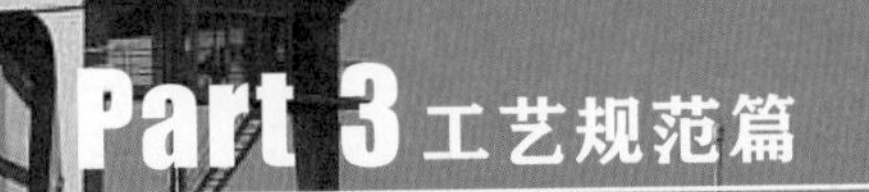

Part 3 工艺规范篇

工艺规范是用电信息采集系统施工作业的技术性文件，施工前指导生产准备，施工中规范工作过程，施工后作为工程验收依据。先进的工艺规范可以缩短工时，提高采集设备运行稳定性。

本篇按照采集箱安装、采集终端安装、接线这三个施工顺序，阐述了各环节施工要点，明确了施工过程中的各项工艺参数，统一了施工工艺规范。主要内容包括外挂采集箱安装规范、Ⅰ型及Ⅱ型集中器安装规范、电源线布线工艺、485线布线工艺、PVC线管安装规范五个方面。

一 外挂采集箱安装

①采集箱安装位置应根据周边环境，采用合适的方式固定于墙面。
②安装位置应避开烟道出风口，有利于无线通信，便于维护检查。
③采集箱安装位置应尽量靠近表箱，箱底离地面或台阶的垂直距离不小于2.5m。对现场实际条件不能满足要求的，应做好采集箱的防触电措施（同类建筑，采集器的箱内安装位置应统一）。
④采集箱内应有足够的空间安装采集器、熔断器、端子排、天线等必需器件。
⑤采集器电源应通过熔断器与表箱进线开关下桩头连接，电源线宜采用BV-1.5导线穿管敷设。
⑥熔断器安装在采集箱内且平直牢固。
⑦采集器与表箱之间的RS485端口连接线选用带护套、屏蔽层的双绞线，线芯导体截面不宜小于0.5mm²，特征阻抗120Ω。导线应符合户外布线防护要求。
⑧若为铁制采集箱，箱体及其附件应可靠接地。

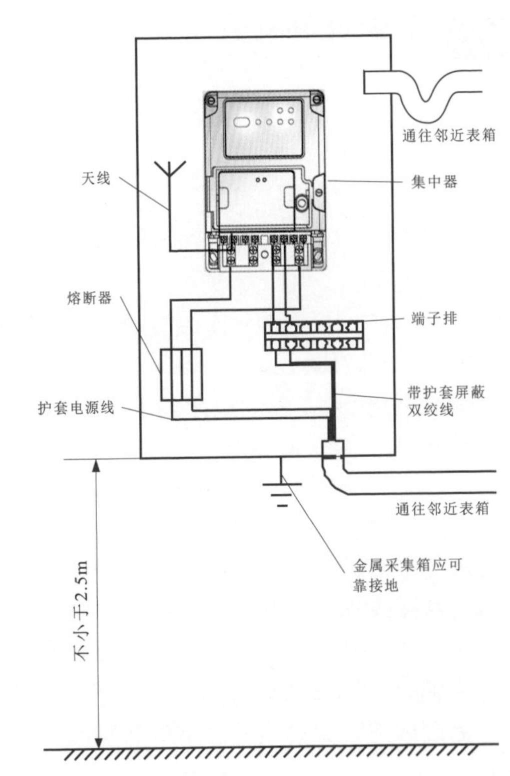

二 采集终端安装

1 Ⅰ型集中器和Ⅱ型集中器

① 集中器安装应垂直牢固，相序正确。

② 集中器应与同计量箱（柜）内的电能表、终端垂直或水平排列。

③ Ⅰ型集中器原则上安装在配变台区计量箱（柜）处。当计量箱（柜）处存在通信信号较差或安装位置不足等其他原因时，应另安装专用采集箱，集中器、联合接线盒安装在该箱内。

④ 原则上，Ⅰ型集中器电源取自电能表联合接线盒，按电压A、B、C、N相序，导线相色按黄、绿、红、黑接入集中器接线桩。对于只有一台变压器的台区，如果联合接线盒处无线信号不能满足要求，可选择适当位置安装，电源取自低压母线或主干线。

⑤ Ⅰ型集中器与同计量箱（柜）内的电能表、终端、联合接线盒等计量设备最小距离应大于80mm。

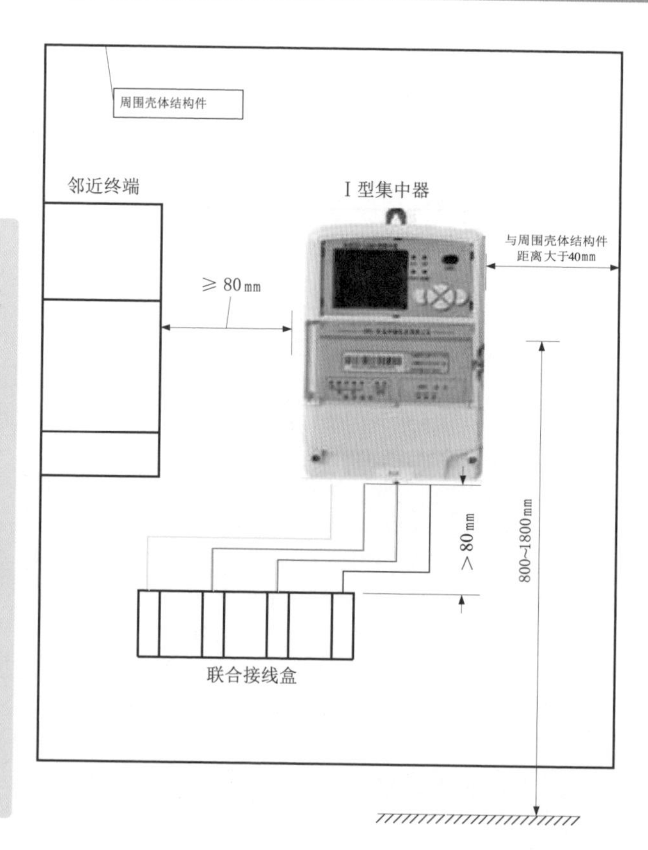

⑥ Ⅱ型集中器与同计量箱、柜内的三相表最小距离应大于80mm，单相表最小距离应大于30mm。

⑦ 集中器与周围壳体结构件之间的距离不应小于40mm。

⑧ 集中器室内安装高度800~1800mm（集中器水平中心线距地面距离）。

⑨ 集中器中心线向各方向的倾斜度不大于1°。

⑩ 集中器安装应按图施工。

⑪ Ⅱ型集中器与电能表的RS485端口的连接必须一一对应。

⑫ 外接天线应固定在信号灵敏的位置，必要时天线可伸出箱体，确保通信信号良好。

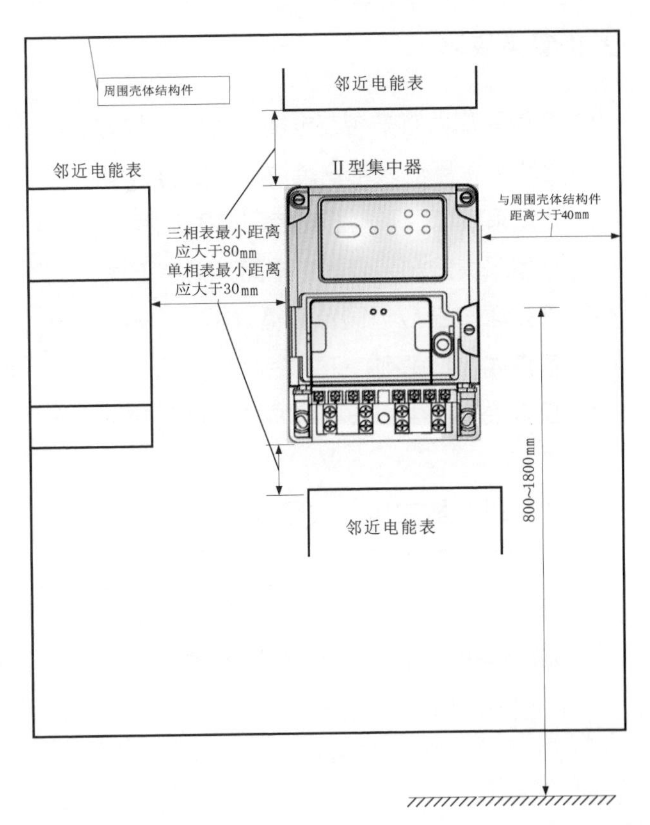

2 Ⅱ型采集器

① Ⅱ型采集器宜安装在电能表箱内，并固定在导轨上，用户表箱安装位置不足时，宜采用外置采集箱，采集器安装在该采集箱内。

② Ⅱ型采集器安装应垂直牢固，相序正确。

③ Ⅱ型采集器应与同计量箱（柜）内的电能表垂直或水平排列。

④ Ⅱ型采集器中心线向各方向的倾斜度不大于1°。

⑤ Ⅱ型采集器安装应按图施工，与电能表的RS485端口的连接必须一一对应。

⑥ 采集器通过RS485总线同低压电能表RS485端口连接，所有电能表和采集器的RS485端口宜采用串接方式。

⑦ 同一个台区内所有采集器、集中器必须为同厂家同芯片，不同厂家不同芯片不得混用。

⑧ 采集器应安装在单元表箱内，若表箱内无终端安装位置，则在其边侧安装；安装箱体应有观察窗口，便于红外终端调试和单元数据采集。

⑨ 采集器的安装位置应避免影响其他设备的操作。

⑩ 布线应规范，接线工艺美观，接头要求接触紧密，接触电阻小、稳定、可靠。

三 接线工艺

1 电源线

1.1基本要求

①本地通信方式RS485采集电源线选择导线截面不小于BV-1.5mm^2，导线颜色选用正确。

②绝缘导线表面应光滑，色泽均匀，无扭结、断股、断芯，绝缘无破损。

③预估采集器至电源端子排导线长度，稍留余度截取导线，完工后每根废料长度不得超过200mm。

1.2 导线扎束

①导线应采用塑料捆扎带扎成线束，扎带尾线应修平整，绑扎带余线不超过3mm。

②导线在扎束时必须把每根导线拉直，直线放外挡，转弯处的导线放里挡。

③导线转弯应均匀，转弯弧度不得小于线径的2倍，不得出现死弯、导线绝缘层破损现象。

④捆扎带之间的距离：转角处不大于50mm,直线段不大于100mm。

⑤导线的扎束必须做到垂直、均匀、整齐、牢固、美观。

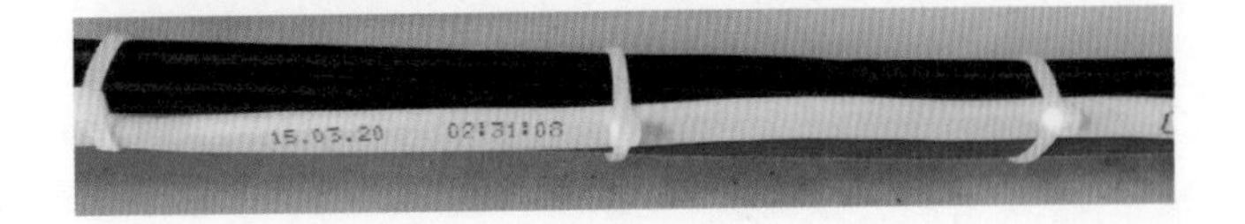

1.3 设备连接

①导线与采集器接线端子、母排连接时，应根据导线结构及搭接对象分别处理。

②1.5mm^{2}导线直径小于接线端子孔径较多，应将导线端剥去绝缘层折叠成两股再插入接线端子。在平视状态下，插入的导线不得有裸露现象。

③导线与设备连接，紧固件不得压在导线绝缘层上，压接螺丝不得松动，接线处螺丝与导线接触良好。

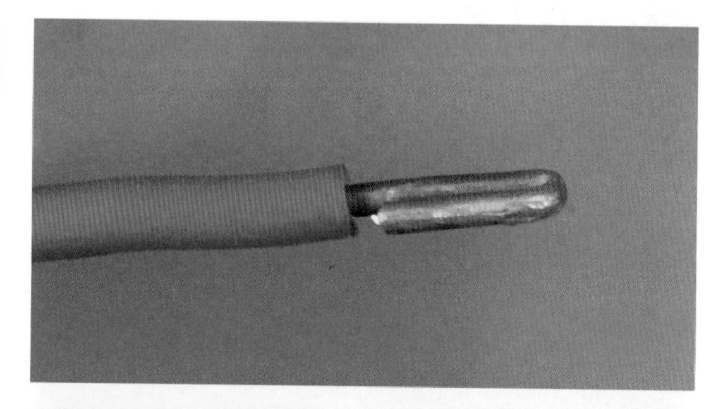

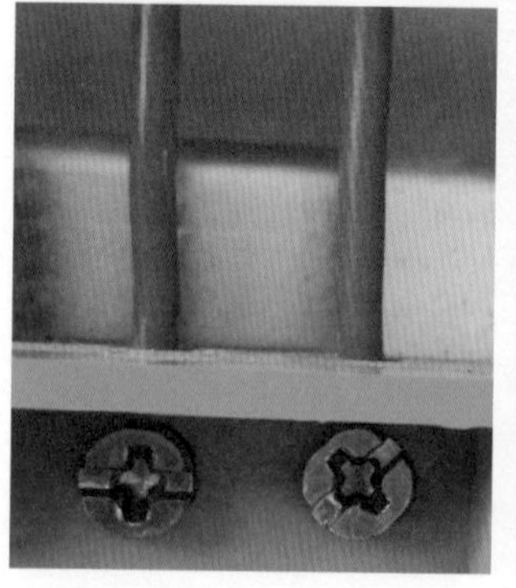

2 485线

2.1 基本要求

①表箱内走线合理、整齐、美观、清楚。

②选用HBVV2×0.5的两根单线绞合作为RS485端口连接线，特征阻抗120Ω，绞线弯曲半径不小于线芯直径的20倍。

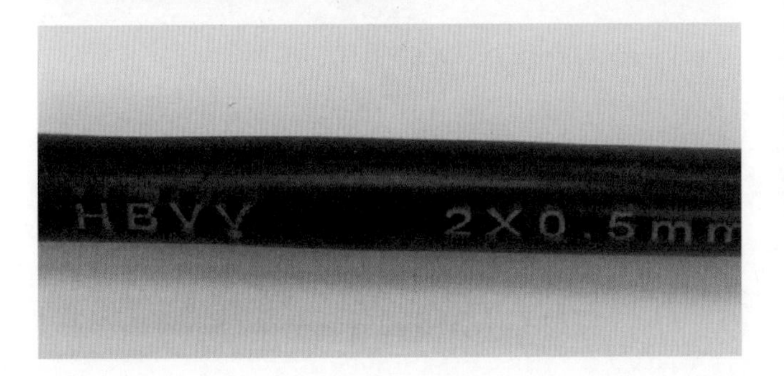

③电能表的RS485端口和采集器采用串接方式，表箱内RS485线除首尾段外不宜开断。

连接件

2.2 线路连接

①表箱内部走线以“手拉手”方式，从右到左、从上到下逐步安装，按照S形顺序布线。
②绞线使用吸盘卡口固定在表箱底板，RS485线应留有距表底边不小于5cm的折弯。不得随意乱接乱扯，不得留有裸露的接头。

弯度不小于5cm

③接线走线应讲究整齐规则，RS485通信线弯角必须是90°直角，绞线应尽可能远离电能表进出线，以减少强电对通信的干扰。
④在箱内双绞单芯铜线与多股铜芯线接线处使用弱电插接件，使用前需将对应线可靠压接在金属尾部，并固定于塑料外壳内。

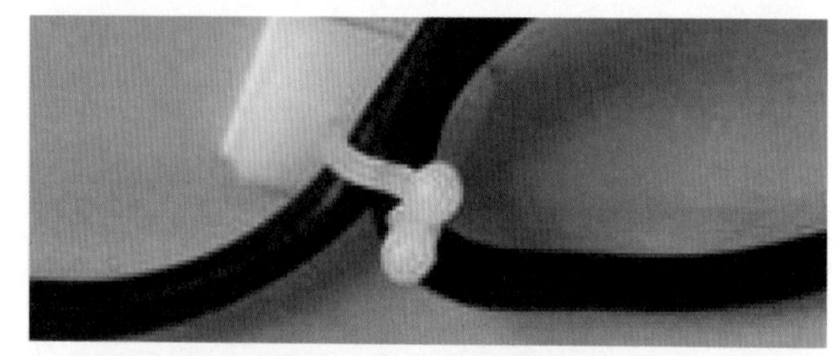

RS485线用卡盘固定在箱底

2.3 表箱之间RS485线连接要求

①表箱与表箱之间的RS485端口连接线选用带护套、屏蔽层的双绞线（RVVP2×0.75带屏蔽），线芯导体截面不宜小于0.5mm^2，两端预留长度不小于1.0m。

②表箱与表箱间连接时采用穿管、线槽等方式，不得与强电线路合管、合槽敷设，与地面的最小距离不小于3m。

③在出表箱和入表箱的RS485线两端应使用电缆标牌标记好RS485线来源及通往的表箱号，并用扎带固定在RS485线上。

④采用单端接地方式，屏蔽金属层要求与表箱的接地桩头接触可靠牢固，接地电阻不大于1Ω（见《民用建筑电气设计规范》）。

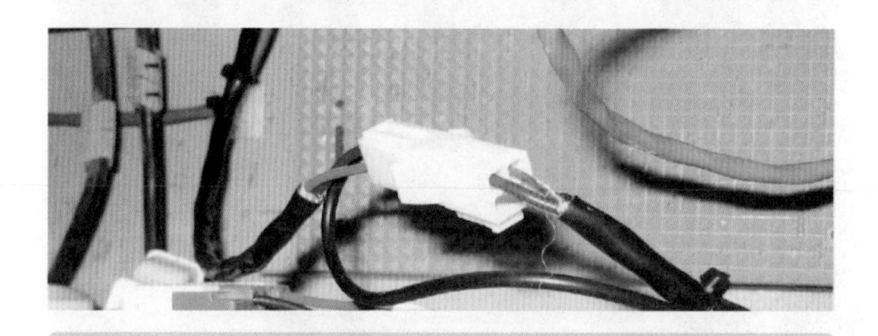

RS485线对接使用弱电插件

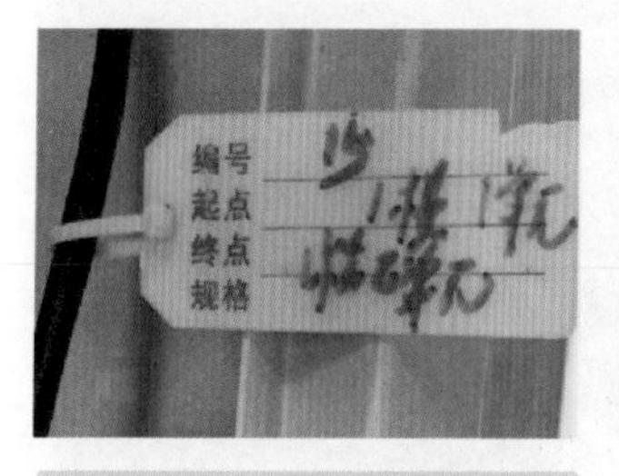

表箱之间使用电缆牌标记

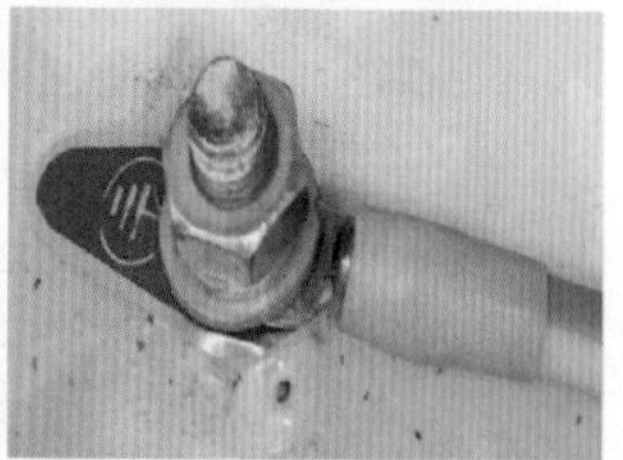

屏蔽层可靠接地

⑤屏蔽接地端采用多股导线连接，导线端剥去绝缘层、压接与导线截面积和连接螺栓相匹配的铜压接端头。压接后线头外露端头2~3mm，端口平整，禁止将绝缘层压入端头内。

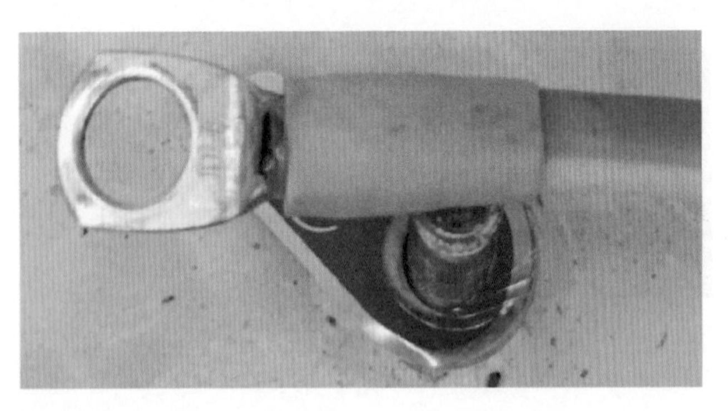

3 PVC管

3.1 基本要求

①PVC保护套管选用规格 ø16，配套 ø16PVC管卡。

②走向应横平竖直，转弯处应采用配套弯头，保证固定可靠、安全。

3.2 管线敷设

①保护管应采用管卡固定，并安装牢固，保护管首、末端及转角处须分别固定管卡。

②PVC 管卡间距应均匀，间距不宜大于0.6m，与地面的最小距离不小于3m。

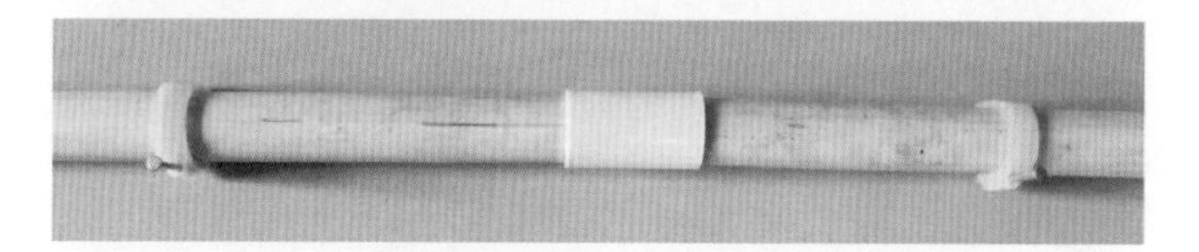

规范使用管卡、管件

与地面距离不小于3m

3.3 连接设备

①PVC管与表箱连接处应无空隙，PVC管进入计量箱的部分不小于30mm。

②外墙通信线进入表箱时套管上端应留有滴水弯，下端应进入表箱内，以免雨水流入表箱内。

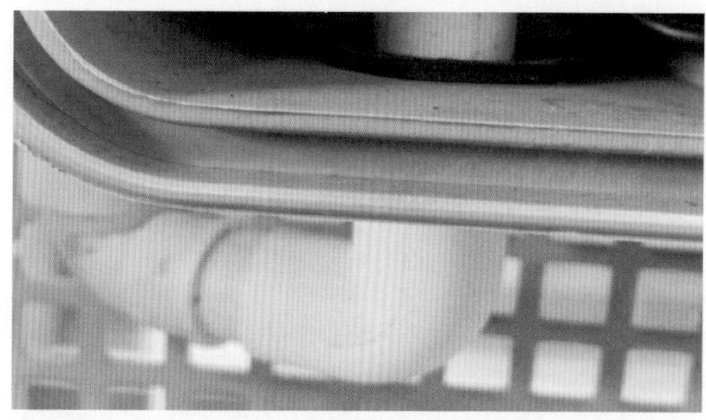

管端进入表箱不小于30mm

Part 4 验收规范篇

验收规范篇主要是针对用电信息采集系统建设的现场验收，目的是保证电力用户用电信息采集建设工程施工的建设质量，规范电力用户用电信息采集建设工程验收工作。验收主要包括三大部分：① 检查现场设备安装是否符合技术标准；② 检查现场采集建设情况与前期工程施工方案是否一致；③ 检查采集系统建设手续资料是否齐全。

一 验收程序

工程竣工验收程序分为四个步骤

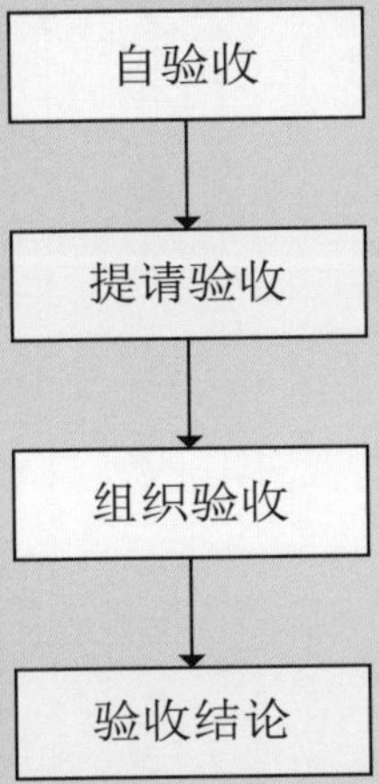

自验收 → 提请验收 → 组织验收 → 验收结论

要 点

①施工单位进行自验收。

②自验收合格后，提出竣工验收申请。

③组织人员进行验收。

④根据验收情况，出具验收结论。

二 现场验收内容

① 按采集器安装质量验收单逐项验收打勾。

② 验收标准参照《电力用户用电信息采集系统管理规范》验收。

采集器安装质量验收单

工程区名称：　　　　安装地址：　　　　采集器编号：

验收内容			通过与否		备注	
现场核查	1.外置采集箱	1.1 采集箱符合技术标准	□通过	□未通过	□不适用	
		1.2 采集安装位置选择合理	□通过	□未通过	□不适用	
		1.3 安装稳固且高度符合要求	□通过	□未通过	□不适用	
		1.4 接地符合要求	□通过	□未通过	□不适用	
		1.5 进出线完整可靠	□通过	□未通过	□不适用	
	2.终端安装	2.1 位置选择合理，安装牢固不松动	□通过	□未通过	□不适用	
		2.2 工作电源来源可靠，采集器接线正确	□通过	□未通过	□不适用	
		2.3 导线无损伤，线头无外露，绝缘良好	□通过	□未通过	□不适用	
		2.4 电气连接可靠，接触良好，采集器工作正常	□通过	□未通过	□不适用	
		2.5 接地措施可靠	□通过	□未通过	□不适用	
	3.GPRS通讯	3.1GPRS 信号良好，与上级通讯测试正常	□通过	□未通过	□不适用	
	4.485线缆、屏蔽电缆	4.1485 线缆选择符合技术要求	□通过	□未通过	□不适用	
		4.2 电表和采集器的 485 口采用串接方式	□通过	□未通过	□不适用	
		4.3 敷设平整妥贴，转角处满足转弯半径要求	□通过	□未通过	□不适用	
		4.4 不承受拉力，不凌空飞线，不摊放地面	□通过	□未通过	□不适用	
		4.5 终端、电能表之间连线应按图正确接线	□通过	□未通过	□不适用	
		4.6 屏蔽电缆选择符合技术要求	□通过	□未通过	□不适用	
		4.7 屏蔽电缆单端接地	□通过	□未通过	□不适用	
		4.8 不同楼道连接电缆二端装设标志牌或其他标志	□通过	□未通过	□不适用	
	5.电能表	5.1 表计和连接到线选择合理	□通过	□未通过	□不适用	
		5.2 按图接线并正确，电气连接可靠	□通过	□未通过	□不适用	
		5.3 安装垂直牢固	□通过	□未通过	□不适用	
		5.4 配线整齐美观，导线无损伤，绝缘良好	□通过	□未通过	□不适用	
		5.5 转角满足半径要求，不承受拉力、不摊放地面	□通过	□未通过	□不适用	
	6.户号牌	6.1 户号牌完整，安装美观、无缺失	□通过	□未通过	□不适用	
	7.计量箱（柜）	7.1 设备符合技术标准，有合格证书及铭牌	□通过	□未通过	□不适用	
		7.2 安装稳固无松动，可靠防雷	□通过	□未通过	□不适用	
		7.3 接地线完整可视，接地良好	□通过	□未通过	□不适用	
		7.4 相关表箱改造已完成，相关指标符合表箱改造要求	□通过	□未通过	□不适用	
	8.管线敷设与连接	8.1 安装平直牢固、排列整齐	□通过	□未通过	□不适用	
		8.2 管子弯曲处无明显折皱、凹扁等现象	□通过	□未通过	□不适用	
		8.3 管与管连接采用套管时，套管长度符合要求	□通过	□未通过	□不适用	
	9.其他	9.1 有关的孔洞是否均已封堵良好	□通过	□未通过	□不适用	
		9.2 工具、器件是否有遗留	□通过	□未通过	□不适用	
		9.3 安装工艺质量符合有关标准要求	□通过	□未通过	□不适用	
验收试验		电能量信息传输正常，相关指标符合系统要求	□通过	□未通过	□不适用	
验收结果						

建设单位：

验收人员：　　　　日期：

三 资料验收

竣工资料一般应包括工程勘查记录、施工方案审批单、领料单、安装质量验收单、工程量确认单、自验收报告、工程竣工验收申请表、工程竣工验收报告、工程移交记录。

封面

目 录

目录

******供电公司****年用电信息采集系统建设
单元工程勘查记录

承办单位：
编　　号：

工程名称	******供电公司****年用电信息采集系统建设		
勘查地点		供电线路	

1. 台区总体概况：

(1) 系统在装运行用电客户_____户。

(2) 运行电能表______只，其中：三相表_____ 只、单相表_______只。

2. 客户信息核查情况：

SG186 系统中的数据			现场核实情况			
客户数量	单相表数	三相表数量	客户数量	单相表数量	三相表数量	潜在用户数

详细见《用电客户基础信息核查表》

3. 其它需说明的情况：

（1）按照要求《2015 国网公司用电信息采集系统建设管理办法》进行现场施工；

（2）台区涉及的部分施工材料：

勘查(核查)人：________ 日期：______年___月___日

工程勘查记录

******供电公司****年用电信息采集系统建设
单元工程施工方案

工程名称：
供电线路：
施工地点：
编号：
承办单位（章）：
工期：2 天

1. 施工方案

燕河浜根据现场勘察记录采集器 1#—5#采用典型设计方案四；I 型集中器采用典型设计方案五。

采集器	I 型集中器	II 型采集器	II 型集中器
数量			
更换电能表	三相电能表		单相电能表
数量			
更换采集箱			
安装耗材	数量	安装耗材	数量
采集箱(只)		PVC 管（DN20）(米)	
户号牌(个)		绝缘胶带（圈）	
护套线(米)		DN20 管卡(只)	
屏蔽电缆 2*0.75 (米)		接线盒(只)	
PVC 直接		PVC 三通	
PVC 弯头		空气开关(只)	

2. 现场安全文明施工

确保所有施工人员经过培训，现场施工执行省公司《用电信息采集系统现场安装作业规范》，提前通告，按时停限电，工艺规范美观、施工现场整洁。

3. 危险点预控

1. 设备金属外壳接地不良有触电危险；使用不合格工器具有触电危险。
2. 在六级及以上的大风以及暴雨、雷电等恶劣天气下，禁止露天施工作业。
3. 施工人员身体、精神状况不佳，误登或误碰带电设备导致事故。
4. 到达施工现场开始工作前，应认真观察现场环境，做好防范意外伤害的应对措施。

工程施工方案

******供电公司****年用电信息采集系统建设
单元工程施工方案审批单

工程名称：
供电线路：
施工地点：
编号：

致________________：

我单位已按勘察结果制定****台区施工方案，请建设单位审批。

施工单位（盖章）： 日期：____________	建设单位（盖章）： 日期：____________

施工方案审批单

******供电公司****年用电信息采集系统
建设单元工程物资清单

工程名称：
供电线路：
施工地点：
编号：

序号	设备（材料）名称	规格	单位	数量	备注
1	Ⅱ型集中器		只		
2	采集箱		只		
3	户号牌		个		
4	Ⅰ型集中器		只		
5	Ⅱ型采集器		只		
6	接线盒		只		
7	屏蔽电缆	2*0.75	米		
8	PVC 管		米		
9	护套线	2*1.5	米		
10	PVC 直接		只		
11	PVC 弯头		只		
12	绝缘胶带		圈		
13	DN20 管卡		只		
14	PVC 三通		只		
15	空气开关		只		

施工单位签字（盖章）：
日期：

建设单位签字（盖章）：
日期：

工程物资清单

采集器安装质量验收单

工程区名称：　　安装地址：　　采集器编号：

验收内容			通过与否		备注	
现场核查	1. 外置采集箱	1.1 采集箱符合技术标准	□通过	□未通过	□不适用	
		1.2 采集安装位置选择合理	□通过	□未通过	□不适用	
		1.3 安装稳固且高度符合要求	□通过	□未通过	□不适用	
		1.4 接地符合要求	□通过	□未通过	□不适用	
		1.5 进出线完整可靠	□通过	□未通过	□不适用	
	2. 终端安装	2.1 位置选择合理，安装牢固不松动	□通过	□未通过	□不适用	
		2.2 工作电源来源可靠，采集器接线正确	□通过	□未通过	□不适用	
		2.3 导线无损伤，线头无外露，绝缘良好	□通过	□未通过	□不适用	
		2.4 电气连接可靠，接触良好，采集器工作正常	□通过	□未通过	□不适用	
		2.5 接地措施可靠	□通过	□未通过	□不适用	
	3. GPRS 通讯	3.1GPRS 信号良好，与上级通讯测试正常	□通过	□未通过	□不适用	
	4. 485 线缆、屏蔽电缆	4.1485 线缆选择符合技术要求	□通过	□未通过	□不适用	
		4.2 电表和采集器的 485 口采用串接方式	□通过	□未通过	□不适用	
		4.3 敷设平整妥贴，转角处满足转弯半径要求	□通过	□未通过	□不适用	
		4.4 不承受拉力，不凌空飞线，不摊放地面	□通过	□未通过	□不适用	
		4.5 终端、电能表之间连线应按图正确接线	□通过	□未通过	□不适用	
		4.6 屏蔽电缆选择符合技术要求	□通过	□未通过	□不适用	
		4.7 屏蔽电缆单端接地	□通过	□未通过	□不适用	
		4.8 不同楼道连接电缆二端装设标志牌或其他标志	□通过	□未通过	□不适用	
	5. 电能表	5.1 表计和连接到线选择合理	□通过	□未通过	□不适用	
		5.2 按图接线并正确，电气连接可靠	□通过	□未通过	□不适用	
		5.3 安装垂直牢固	□通过	□未通过	□不适用	
		5.4 配线整齐美观，导线无损伤，绝缘良好	□通过	□未通过	□不适用	
		5.5 转角满足半径要求，不承受拉力、不摊放地面	□通过	□未通过	□不适用	
	6. 户号牌	6.1 户号牌完整，安装美观、无缺失	□通过	□未通过	□不适用	
	7. 计量箱（柜）	7.1 设备符合技术标准，有合格证书及铭牌	□通过	□未通过	□不适用	
		7.2 安装稳固无松动，可靠防雷	□通过	□未通过	□不适用	
		7.3 接地线完整可视，接地良好	□通过	□未通过	□不适用	
		7.4 相关表箱改造已完成，相关指标符合表箱改造要求	□通过	□未通过	□不适用	
	8. 管线敷设与连接	8.1 安装平直牢固、排列整齐	□通过	□未通过	□不适用	
		8.2 管子弯曲处无明显折皱、凹扁等现象	□通过	□未通过	□不适用	
		8.3 管与管连接采用套管时，套管长度符合要求	□通过	□未通过	□不适用	
	9. 其他	9.1 有关的孔洞是否均已封堵良好	□通过	□未通过	□不适用	
		9.2 工具、器件是否有遗留	□通过	□未通过	□不适用	
		9.3 安装工艺质量符合有关标准要求	□通过	□未通过	□不适用	
验收试验		电能量信息传输正常，相关指标符合系统要求	□通过	□未通过	□不适用	
验收结果						

建设单位：

验收人员：　　日期：

安装质量验收单

******供电公司****年用电信息采集系统建设单元
工程量确认单

工程名称：
供电台区：
施工地点：
工程编号：

建设单位：					
核定内容：	根据现场核实情况，核定的工程量及其他事项如下：				
工程量及其他具体内容	项目名称		计量单位	工程量	备注
	Ⅱ型集中器（无线采集器）安装	Ⅱ型集中器安装（无线）	台		
		Ⅱ型集中器箱安装（无线）	台		
		户号牌	个		
		通信分线盒安装	只		
		2*1mm² 屏蔽线敷设	m		
		PVC保护管敷设DN20	m		
		电源线敷设	m		
		PVC直接	只		
		PVC弯头	只		
		绝缘胶带	圈		
		DN20管卡	只		
		PVC三通	只		
		空气开关安装	个		
	Ⅱ型集中器（无线采集器）拆除	Ⅱ型集中器拆除（无线）	台		
		Ⅱ型集中器箱拆除（无线）	台		
		通信分线盒拆除（无线）	只		
		2*0.5mm² 电表间485接线拆除	m		
		PVC保护管拆除	m		
	Ⅱ型集中器（无线采集器）系统调试		系统		
	Ⅱ型采集器（载波采集器）安装	Ⅱ型采集器安装	台		
	Ⅰ型集中器（载波集中器）	Ⅰ型集中器安装	台		
	Ⅰ型集中器（载波集中器）调试		系统		
建设单位： 年　月　日	施工单位： 年　月　日				

工程量确认单

******供电公司****年
用电信息采集系统建设单元工程

自验收报告

（**台区）

验收单位：（盖章）

年　　月　　日

自验收报告

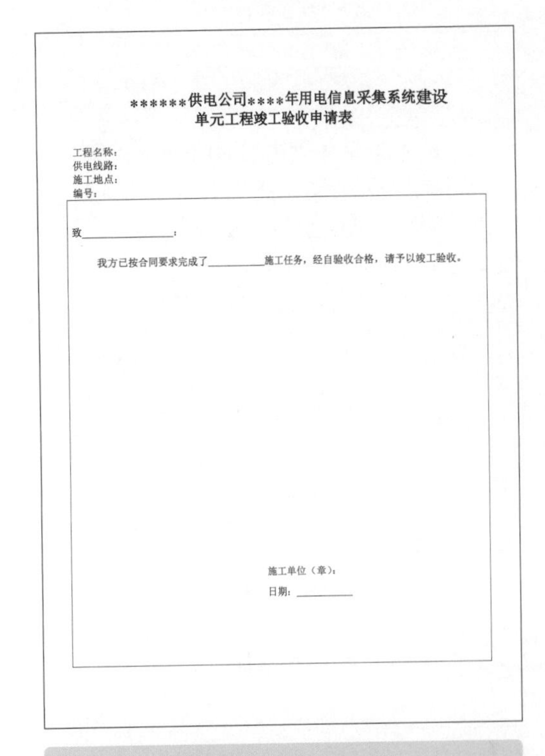
******供电公司****年用电信息采集系统建设
单元工程竣工验收申请表

工程名称：
供电线路：
施工地点：
编号：

致＿＿＿＿＿＿＿：

我方已按合同要求完成了＿＿＿＿＿施工任务，经自验收合格，请予以竣工验收。

施工单位（章）：
日期：＿＿＿＿＿

工程竣工验收申请表

******供电公司****年用电信息采集系统建设单元工程竣工验收报告

验收单位：（盖章）

年　月　日

工程竣工验收报告

******供电公司****年用电信息采集系统建设单元工程移交记录

工程名称			
施工地点			
编　号			
移交地点		时间	
工程移交单位代表名单			
单位		移交人员签字	
施工单位			
建设单位			
移交工程范围			

工程移交清单

序号	名　称	单　位	数　量	备　注
1				
2				
3				
4				
5				
6				

工程移交记录